파인만의
과학이란 무엇인가?

THE MEANING OF IT ALL

파인만의

과학이란 무엇인가?

리차드 파인만 강연 | 정무광 · 정재승 옮김

승산

세상에는 두 종류의 천재가 있다: '평범한' 천재들과 '마술사' 들. 평범한 천재란 당신이나 나와 같은 사람들인데 다만 수십 배 더 똑똑할 뿐이다. 그들의 정신이 작동하는 방식은 신비롭지 않다. 그들이 한 일을 이해하고 나면, 우리 역시도 그 일을 할 수 있었다고 느끼게 된다. 하지만 마술사들은 다르다. 그들이 한 일을 이해하고 난 후에도 칠흑 같은 어둠만 남아있을 뿐이다. 리처드 파인만은 최고 수준의 마술사다.

– 마크 캑 Marc Kac, 수학자

차례

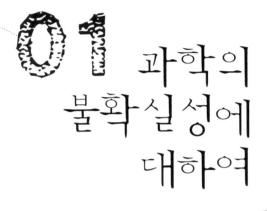

01 과학의 불확실성에 대하여

THE MEANING OF IT ALL

나는 이 강연의 첫 주제로,

‘과학은 다른 분야의 사상과 아이디어에 어떤 영향을 미쳤는가’ 에 대해 개인적인 생각을 얘기해 보려고 한다. 이는 본 강연회를 후원하는 존 댄스 씨가 꼭 다루어 달라고 각별히 주문한 것이다 (존 댄스는 영화관의 소유주로서, 1961년 워싱턴 주립대학에서 “우주에 대한 인류의 이성적인 지각과 과학, 그리고 철학”이란 주제로 저명한 학자들이 강연을 할 수 있도록 1961년에 기부금을 지원했다: 옮긴이). 세 부분으로 이루어진 전체 강연 중 첫 부분이 될 오늘 강연은 ‘과학의 본질’에 관한 것으로, 특히 과학에 있어 의심과 불확실성의 역할을 강조하고자 한다. 두 번째 강연에서는 주로 과학적인 관점이 정치적인 이슈에 미친 영향에 대해 논의할 텐데, 특히 ‘국가의 적’ (냉전 체제였던 당시, 미국의 ‘국가의 적’은 소련이었다: 옮긴이)에 관한 문제와 종교적인 문제를 자세히 다룰 것이다. 그리고 세 번째 강연에서는 내가 사회를 어떤 방식으로 바라보는지 – '과학적으로 사고하는 사람에게 사회가 어떻게 보이는지'라고 일반화할 수도 있겠지만, 사실은 '나한테 세상이 어떻게 보이는지'에 대해 얘기하겠다고 표현하는 것이 좀 더 적절할 것이다. – 와 앞으로 일어날 과학적 발견이 사회적인 문제에 어떤 실마리를 제공해 줄 수 있을지에 대해 얘기해 볼 생각이다.

내가 종교와 정치에 대해 뭘 알까? 내가 근무하고 있는 캘리포니아 공과대학California Institute of Technology 물리학과의 교수들이나 다른 동료 교수들은 웃으며 이런 말을 건넸다.

"강연회에 꼭 가서 당신이 뭐라고 하는지 들어 봐야겠는 걸. 리처드 당신이 정치나 종교 같은 사회적인 이슈들에 대해 그렇게 관심이 많은 줄은 몰랐어."

아마도 그들은 내가 종교나 정치에 대해 흥미는 갖고 있겠지만, 감히 강연을 할 정도로 깊이 고민하고 있는 줄은 몰랐다는 뜻일 게다.

한 분야의 아이디어나 생각이 다른 분야에 미치는 영향에 대해 얘기하다 보면 분명 '바보'가 되기 십상이다. 요즘처럼 전문화되어 있는 시대엔 양쪽 분야 모두에서 바보 취급을 받지 않을 만큼 두 분야의 지식을 깊이 이해하고 있는 사람은 무척 드물기 때문이다.

내가 오늘 강연에서 전하려는 생각들은 사실 그렇게 새로운 것도 아니다. 오늘 이야기의 대부분은 아마도 17세기 철학자들도 쉽게 말할 수 있는 내용임에 틀림없다. 그럼에도 불구하고, 그것을 이 자리에서 이렇게 반복하려는 이유는 매일매일 태어나는 새로운 세대들이 있어서다. 인류 역사가 발전시켜 온 위대한 아이디어들을 다음 세대에 전달하기 위해서는 앞 세대의 각별한 노력이 필요하다.

오래된 아이디어들 중에 상당수는 다시 얘기하거나 설명할 필요가 없을 정도로 이미 상식이 돼 버렸다. 하지만 과학의 발전에 대한 문제나 그와 연관된 아이디어들은 적어도 내 주변을 봤을 때 모든 사람들이 올바르게 인식하고 있는 것 같지 않다. 물론 생각보다 많은 사람들이 그런 아이디어들을 잘 이해하고 있는 것 또한 사실이다. 특히나 과학을 전공하는 대학생이나 대학원생, 그리고 교수들이라면 대부분 이런 아이디어들에 대해 잘 알고 있을 테니까, 이 중에 그런 분들이 있다면 내가 마음에 두었던 청중은 아닐 것이다.

한 분야에서 탄생한 위대한 아이디어가 다른 분야의 사상이나 철학에 미치는 영향에 대한 문제를 이야기함에 있어, 일단 내가 잘 알고 있는 분야에서부터 출발해 보려고 한다. 난 과학에 대해서라면 잘 알고 있는 편이다. 과학적인 아이디어나 접근방법, 지식에 대한 과학적 태도, 과학이 진보하는 이유, 과학에서의 지적훈련 과정 등에 대해 잘 알고 있다는 얘기다. 그래서 이 첫 번째 강연에서는 잘 아는 '과학'에 대해 먼저 이야기하고, 점점 청중 수가 줄어들 거라는 일반적인 법칙의 가정 하에, 하고자 하는 얘기 중 좀 더 황당한 내용들은 다음 두 강연으로 미루는 것이 현명할 것 같다.

과학이란 무엇인가? 과학이란 단어는 흔히 다음 셋 중 하나, 또는 그것들이 한데 섞인 의미로 종종 통용된다. 과학을 정의하는 데 있어 너무 엄밀한 잣대를 들이댈 필요는 없을 것 같다. 엄밀한 게 항상 좋은 것만은 아니니까. 우선 과학은 '무엇을 발견해 내는 특별한 방법'을 의미한다. 또는 그렇게 해서 발견된 것들로부터 나오는 '지식의 체계'를 의미하기도 한다. 끝으로, 어떤 걸 발견해 냈을 때 그것으로 만들어 낼 수 있는 새로운 것들이나 그 새로운 것들을 현실에서 구현하는 걸 의미하기도 한다. 이 마지막 분야를 흔히 '기술Technology'이라고 부르는데, 미국의 시사주간지 '타임Time'의 과학란을 살펴보면, 그중 약 50퍼센트는 최근 발견된 새로운 것들이 무엇인지에 대한 기사들이고 나머지 50퍼센트는 그 새로운 발견을 통해 앞으로 우리가 무엇을 만들 수 있는지, 그리고 그 일이 어떻게 진행되고 있는지에 대한 기사들이다. 다시 말해, 과학을 일반적으로 정의할 때 기술을 포함한다고 볼 수 있단 얘기다.

과학의 이 세 가지 측면을 반대 순서로 논의해 보자. 먼저 새로운 것들로부터 무엇을 할 수 있는지, '기술 분야'부터 얘기해 보자. 과학의 가장 두드러진 특징 중 하나는 과학의 현실적 응용, 그러니까 과학의 결과물을 통해 어떤 새로운 걸 할 수 있는 능력이 생긴다는 사실이다. 이 능력이 우리 사회에 어떤 영향을 끼쳐 왔는지에 대해선 굳이 언급할 필요가 없을 정도로 자명하다. 과학의 발전이 없었다면 19세기 산업혁명 자체가 거의 불가능했을 테니까 말이다. 이 많은 인구에게 생활을 영위할 수 있도록 적당한 양의 음식을 제공할 수 있는 것도, 인류를 질병으로부터 구원해 준 것도, 노예제도의 명분이기도 했던 '풍족한 생산'을 이루어 '자유 시민'을 등장하게 해 준 것도, 바로 과학의 결과물들이 이루어 낸 성과다.

　　하지만 무언가 새로운 일을 할 수 있게 해 주는 이 능력에(그것이 선한 목적이든 악한 목적이든 간에), '이것을 어떻게 사용하라'는 설명서는 딸려 오지 않는다. 이 힘을 어떻게 사용하느냐에 따라, 결과는 선이 될 수도 있고 악이 될 수도 있다. 생산 기술을 개선하는 것은 좋은 일이지만, 생산 공정의 자동화에는 심각한 사회적 이슈가 내포돼 있는 것 또한 사실이다. 아마도 산업 재해나 고용 저하 등이 그 예가 될 것이다. 의약품의 발달은 더없이 기쁜 일이지만, 질병을 정복함으로써 출산률은 높아지고 사망률은 현저히 줄어들면서 새로운 걱정거리가 생겨나고 있다. 예를 들면 인구 증가로 인한 가난과 사회적 불평등 문제가 여기에 해당될 것이다. 심지어 박테리아에 관한 지식 하나만 보더라도, 어떤 과학자는 인류를 질병으로부터 구원하기 위해 이 지식을 사용하지만, 또 다른 곳에서는 생물전 무기로 치명적인 박테리아를 비밀리에 개발하는 일에 이 지식을 사용한다. 항공운송수단의 발전은 매우 근사한 일이며 멋진 비행기를 보며 우리는 늘 감탄하지만, 무시무시한 공중전의 공포에 대해서도 잘 알고 있다. 국가 간에 원거리 통신을 할 수 있게 되었다는 사실은 매우 긍정적이지만, 덩달아 우리 모두가 아주 쉽게 도청당할 수 있는 위험에 놓이게 되었다는 사실 또한 부정할 수 없다. 우주 공간에 진입해 유영을 할 수 있게 되었다는 사실에 흥분하기도 하지만, 음… 거기서도 분명 부정적인 문제가 도사리고 있을 것이 뻔하다. 이런 불균형 중에서 가장 잘 알려진 것이 바로 핵에너지의 개발과 이로 인해 명백히 드러난 위험들일 것이다.

도대체 과학은 어떤 가치를 지니고 있는 걸까? 과학이 가지고 있는 '새로운 것을 할 수 있는 힘'은 그 자체로 가치 있는 것이라고 나는 생각한다. 결과가 좋을지 나쁠지는 어떻게 사용하느냐에 따라 달려 있지만, 어떤 일을 할 수 있는 능력은 그 자체로 인정받아야 한다는 뜻이다.

언젠가 하와이에 방문했을 때 불교 사원을 구경한 적이 있다. 그 사원에서 누군가가 "여러분이 영원히 잊지 못할 얘기 하나를 해 드리겠습니다."라며 말을 꺼냈다. 그는 이렇게 말했다. "모든 사람에게 천국의 문을 여는 열쇠가 주어져 있습니다. 또한 그 열쇠는 지옥의 문을 열 수도 있습니다."

과학의 경우에도 마찬가지다. 어떤 면에서 과학은 천국의 문을 여는 열쇠이면서 동시에 지옥의 문을 열 수 있는 열쇠이기도 하다. 어떤 문이 지옥의 문인지 혹은 천국의 문인지에 대한 설명서는 없다. 그렇다면 우리는 어떤 선택을 해야 할까? 이 열쇠를 버리고 천국의 문에 들어갈 방법을 없애 버려야 할까? 아니면 그 열쇠를 사용하는 최선의 방법이 무엇인지에 대해 열심히 토론하고 씨름해야 할까? 이것은 매우 중요한 문제이며 사람마다 소신이 다르겠지만, 내 생각엔 '천국의 문을 열 수 있는 열쇠'라는 가치 자체를 부정할 순 없다고 본다.

과학과 사회의 관계에 있어 중요한 문제들은 대부분 바로 이 영역에 속한다. 과학자에게 '과학이 사회에 미치는 영향'에 대해 인식하고 좀 더 책임감을 가져야 한다고 주장한다면, 그건 과학의 응용에 대해 하는 얘기일 것이다. 만약 자신이 핵에너지를 개발하기 위해 일하는 사람이라면 그것이 매우 위험한 방식으로 사용될 수 있다는 사실을 잘 알고 있어야 한다. 이것은 '과학자의 책임과 윤리의식'에 대한 문제라고 볼 수 있을 텐데, 난 여기에 대해 더 이상 깊이 들어가진 않을 것이다. 이것을 '과학의 문제'라고 말하는 건 좀 과장이라고 보기 때문이다. 이건 오히려 인도주의적인 문제에 훨씬 더 가깝다. 과학을 통해 어떻게 그 힘을 얻는지는 분명하지만 그걸 어떻게 규제할지는 분명치 않은데, 그것은 이 문제가 그다지 과학적이지 않기 때문이며 과학자가 여기에 대해 많이 알고 있는 것도 아니다.

내가 이 문제에 대해 얘기하는 걸 꺼리는 데에는 이유가 있다.

얼마 전, 그러니까 1949년에서 1950년 즈음에 나는 브라질에 가서 물리학을 가르친 적이 있다. 당시엔 포인트 포Point Four 프로그램(트루먼 전 미국 대통령이 제창한 '저개발국에 대한 과학기술 원조계획': 옮긴이)이란 게 있어서 매우 흥미로운 일들이 많이 벌어졌다. 많은 과학기술자들이 브라질이나 멕시코 같은 저개발국가에 가서 그들을 다양한 방식으로 도와주곤 했다. 물론 그들이 가장 원했던 건 '주요 기술에 대한 노하우'였지만 말이다.

브라질에서 나는 리우라는 도시에 살았다. 리우에는 작은 언덕이 있는데 그 언덕 위에는 낡은 간판 같은 것들을 부수어서 겨우 얻어 낸 나무판자들로 지은 허름한 집들이 있었다. 그곳의 사람들은 극도로 가난했다. 먹을 물을 구할 곳이나 하수구조차 갖고 있지 않을 정도였다. 물을 얻기 위해 그들은 지저분한 휘발유통을 머리에 이고 언덕을 매번 내려가야만 했다. 그렇게 해서 그들은 새 건물을 짓는 건설 현장에 가서 물을 얻어 왔다. 그곳에는 시멘트를 개기 위해 받아 놓은 물이 있었기 때문이다. 사람들은 그 물로 통을 가득 채우고 다시 머리에 인 채 언덕 위를 올라왔다. 작은 언덕 곳곳에선 그 물이 더러운 쓰레기와 섞여 흘러 내려가는 광경을 볼 수 있었다. 참으로 딱한 일이었다.

역설적이게도, 그 언덕들 바로 옆에는 코파카바나 해변의 멋진 건물들과 아름다운 고급 아파트들이 줄지어 늘어 서 있었다. 나는 포인트 포 프로그램에 참여하고 있는 동료들에게 이렇게 말하곤 했다.

"이것이 과연 기술적 노하우의 문제일까? 저 사람들이 정말 언덕 위로 상수관을 놓는 방법을 모르는 거냐구? 언덕 정상까지 수관을 놓아서 사람들이 적어도 위로 올라갈 때는 빈 통을 들고 가고, 내려올 때는 통에 물을 가득 담아 올 수 있게 하는 방법을 알지 못하는 거냐구?"

사실 이것은 기술적 노하우의 문제가 아니다. 분명히 아니다! 조금만 떨어진 지역에서도 멋진 아파트 건물에는 수관도 있고 펌프도 있다. 지금에 와서 우리는 그것이 '경제 원조의 문제'라고 생각하게 되었지만, 그렇다고 해서 이런 문제들이 경제 원조로 완전히 해소될지는 나도 확신이 없다. 그리고 나는 여기서 각 언덕마다 수관과 펌프를 설치하는 데 얼마의 비용이 드는가에 대해서는 언급조차 할 생각이 없다.

이 문제를 어떻게 풀어야 할지는 잘 모르겠지만, 그럼에도 불구하고 기술적 노하우 전수와 경제 원조라는 두 가지 방법을 다 시도해 보았다는 사실은 의미심장하다. 두 방법 모두 큰 효과는 없었기에, 우린 지금 또 다른 방법을 찾고 있다. 나중에 다시 얘기하겠지만, 나는 바로 이렇게 새로운 시도를 끊임없이 하고 있다는 사실 자체에 희망이 있다고 본다. 모든 일을 하는 데 있어 계속 새로운 해법을 시도해 보아야 한다는 것이 내 지론이다. 지금까지의 얘기는 과학의 실용적인 면, 그러니까 우리가 할 수 있는 새로운 일들에 관한 것이었다. 이것은 너무 명료해서 길게 얘기할 필요는 없다고 생각한다.

과학의 다른 측면은 그 내용, 그러니까 새로운 발견들 그 자체에 관한 것이다. 사실 이것이 과학의 궁극적인 결과물이며 핵심이다. 이것이야말로 우리를 흥분하게 만들며, 오랜 과학적 훈련과 힘든 연구를 통해 얻는 가장 큰 보상이기도 하다. 사실 과학자는 무엇인가에 적용하기 위해서 과학을 하는 것은 아니다. 그것을 발견할 때의 즐거움, 그 자체를 위해 과학을 하는 것이다. 어쩌면 여러분 모두는 이 사실을 이미 잘 알고 있을지도 모르겠다. 혹여 이것을 전혀 이해하지 못하는 사람들이 있다면 이런 강연을 통해 그들에게 '우리가 과학을 하는 진정한 이유'를 내가 제대로 전달할 수 있을지 자신이 없다. 사실 이것을 이해하지 못한다면, 그것은 과학에 대한 가장 중요한 사실을 간과하고 있는 셈이나 마찬가지다. 우리 시대의 '위대한 모험'이라고 할 수 있는 과학을 깊이 음미하고 그 결과물을 진정으로 감상할 수 없다면, 과학을 진정 이해했다거나 과학과 다른 분야 사이의 관계를 제대로 파악했다고 볼 수 없다. 이 거대한 모험, 그 거칠고도 흥미로운 작업을 제대로 이해하지 못한다면, 여러분은 이 시대에 살고 있다고 말할 수조차 없을 것이다.

과학이 재미가 없을 것 같나? 아니다. 전달하긴 정말 어렵겠지만, 그 느낌이 어떤 건지 정도는 맛보게 해 드릴 수 있을 것 같다. 어디서든 어떤 아이디어에서든, 한번 시작해 보자. 예를 들면 고대인들은 지구가 '바닥이 없는 바다 안을 헤엄치고 있는 거북이 위에 서 있는 코끼리의 등'이라고 생각했다. 무엇이 바다를 붙잡고 있는가에 대해서는 논외로 치자. 그들은 이 문제에 대해 아무런 답을 가지고 있지 않았으니까.

고대인들의 믿음은 상상력의 결과였다. 무척 시詩적이며 아름다운 아이디어다. 이번에는 지금 우리가 지구에 대해 알고 있는 사실들을 한번 살펴보자. 이것은 과연 덜 시적이며 재미없는 아이디어일까? 지구는 회전하고 있는 공이며 사람들은 그 공 표면에 매달려 살고 있다. 어떤 사람들은 그 공에 거꾸로 매달려 있는 셈이다. 좀 더 거시적인 관점에서 보자면, 이 공은 태양이라는 거대한 불덩이 주변을 뱅글뱅글 돌고 있다. 이것이 훨씬 더 낭만적이며 재미있는 아이디어가 아닌가? 그러면 무엇이 우리를 붙잡고 있는 걸까? 그건 중력이란 놈인데, 지구를 진작부터 둥글게 만든 것도, 태양이 폭발하지 않고 하나의 친구를 유지하게 만든 것도, 끊임없이 태양으로부터 멀어지려고 시도하는 지구를 태양 옆에 맴돌게 붙잡고 있는 것도 바로 이 녀석이다. 중력의 영향은 태양과 같은 별 주변만이 아니라 별들 사이에서도 작용한다. 중력은 아주 먼 거리에 걸쳐 모든 방향으로 그 힘을 뻗고 있기 때문에, 거대한 은하 안에 별들을 가두어 둘 수 있다.

우리가 살고 있는 우주가 어떤 모습인가에 대해서는 많은 과학자들이 지금도 연구 중에 있지만, 아직도 그 끝은 어떻게 생겼는지 모른 채 – 마치 고대인들의 '바닥이 없는 바다' 처럼 – 우주는 우리를 품고 존재한다. 고대인들의 시적 이미지처럼, 현대인들의 우주 또한 똑같이 신비로우며 똑같이 장엄하고 똑같이 불완전하다.

하지만 자연의 상상력이 사람들의 상상력보다 훨씬, 훨씬 더 대단하다는 사실을 강조하고 싶다. 천체관측 같은 것을 통해 자연의 상상력을 어렴풋하게라도 느껴본 적이 없는 사람들은 자연이 얼마나 경이로운 존재인가를 상상조차 할 수 없을 것이다.

이번에는 '시간' 에 대해 얘기해 볼까? 당신은 우리가 실제로 경험하는 시간과 진화라는 길고 느린 과정을 비교해 놓은 시나 문학 작품을 단 한 번이라도 읽어본 적이 있는가? 아니, 내가 너무 앞서 얘기를 했다. 차근차근 살펴보자. 처음에 지구는 어떤 생명체도 없이 오랫동안 존재하고 있었다. 수십억 년 동안 이 공은 일몰과 파도와 바다를 품고 소음을 내며 태양 주위를 회전하고 있었는데, 그것을 감상해 줄 단 하나의 생명체도 없었다. '생명체가 없는 세상'이 어떤 것인지 여러분은 상상조차 하기 어려울 것이다. 우리는 생명체의 관점에서 세계를 바라보는 데 오랫동안 길들여져 있어서 '생명 없는 상태'가 어떤 것인지 이해조차 할 수 없다. 하지만 우리가 살고 있는 지구의 역사에서 '어떤 생명체도 살지 않는 시기'가 대부분을 차지한다. 또한 지금 이 순간 우주는 생명의 흔적조차 발견할 수 없는 곳이 대부분이다.

생명 그 자체도 마찬가지이다. 생명이 유지되는 내부 메커니즘, 생명체의 각 부분들이 일으키는 화학작용은 그 자체로 정말 아름답다. 모든 생명체는 다른 생명체들과 유기적으로 얽혀 있다는 사실이 속속 밝혀지고 있다. 식물이 호흡을 하고 광합성을 하는 데 있어 중요한 역할을 담당하는 화학물질인 클로로필chlorophyll은 흔히 벤젠 고리benzene ring라고 부르는 사각형 패턴을 가지고 있는데 무척 예쁘게 생겼다. 그런데 식물로부터 멀리 떨어진, 우리 같은 동물들 피 안에도 호흡과 관련된 헤모글로빈hemoglobin이라는 물질이 있는데, 거기에서도 똑같이 그 흥미롭게 생긴 고리를 발견할 수 있다. 그 중심에는 식물에 들어 있는 마그네슘 대신, 철이 들어 있어서 녹색이 아니라 붉은색을 띠고 있다는 것만 다를 뿐, 그 둘은 사실 같은 고리이다.

박테리아의 단백질과 인간의 단백질은 본질적으로 똑같다. 사실 최근 들어 박테리아에 있는 단백질 형성기관이 인간 몸에 있는 적혈구로부터 명령을 받아서 인간에게 필요한 적혈구 단백질을 생산한다는 사실이 밝혀졌다. 각기 다른 생물체들이지만, 이렇게 서로 밀접하게 연관돼 있는 것이다. 생물체들 간의 심오한 화학작용이 우리가 생각한 것보다 훨씬 '보편적'으로 발견된다는 사실은 정말로 환상적이며 아름다운 것이다. 아직 인간은 다른 동물들과 우리가 매우 유사하다는 사실을 받아들이기엔 너무 자존심이 강하지만 말이다.

또 빼놓지 말고 언급해야 할 것들 중 하나가 바로 원자들이다. 우선 원자는 무척 아름답다! 하나의 공 옆에 또 다른 공, 그 옆에 또 다른 공. 이렇게 원자들은 결정 안에서 무수히 반복되는 형태로 수 마일에 걸쳐 줄지어 늘어서 있다. 물 한 컵에 뚜껑을 씌워 며칠 동안 가만히 놓아두면 컵 안은 매우 조용하고 정적으로 보이지만, 사실 그 안에선 원자들이 끊임없이 움직이고 있다. 원자들은 물 표면에서 튀어나와 유리벽에 부딪쳐 계속 돌아다니기도 하고 다시 물 안으로 들어오기도 한다. 섬세하지 못한 우리의 눈에는 그저 정적으로 보이지만, 사실은 컵 안에서 원자들은 거칠고 역동적인 춤을 추고 있는 것이다.

또 놀라운 사실은 각양각색으로 생긴 세상의 모든 사물들이 같은 원자들로 구성돼 있다는 사실이다. 저 먼 밤하늘의 별들도 우리의 몸과 같은 물질들로 이루어져 있다는 얘기다. 그래서 이 우주의 가장 심오한 문제는 '우리를 만드는 물질이 어디로부터 나온 것인가' 하는 문제인 것이다. 단순히 생명이 어떻게 탄생했는지, 아니면 지구가 어떤 과정을 통해 만들어졌는지를 묻는 것이 아니라, '생명과 지구를 이루는 물질들이 어디서 비롯됐는가' 하는 것이다. 현재로선 어떤 별이 폭발할 때 내뿜어진 것으로 추측하고 있다. 지금도 초신성 같은 별들이 폭발하는 것처럼 말이다. 이렇게 해서 뿜어져 나온 먼지 덩어리는 45억 년을 기다리며 진화하고 끊임없이 변화한 결과, 여기 한 이상한 생명체(파인만 자신을 얘기함: 옮긴이)가 마이크와 스피커 앞에서 관중석에 있는 이상한 생명체들에게 이렇게 떠들 수 있게 된 것이다. 이 얼마나 멋진 세상인가!

이번엔 어떤 분야를 들여다볼까? 인간의 생리학을 예로 들어 볼까? 무엇에 대해 얘기하든 상관없다. 어떤 것이든 충분히 자세히만 들여다본다면, 과학자들이 성실한 노력 끝에 발견한 놀라운 진실보다 더 흥미로운 것은 없다는 사실을 깨닫게 될 테니까.

생리학을 얘기하기 위해, 줄넘기를 하는 소녀의 몸속에서 벌어지고 있는 여러 가지 현상들을 알아보자. 줄넘기를 하는 동안 소녀의 몸에선 과연 어떤 일이 벌어질까? 아마도 혈액은 운동에 필요한 에너지를 공급하기 위해 열심히 산소를 실어 나르고, 뇌 속에 있는 신경세포와 근육 신경들은 "이제 바닥으로 내려왔으니까 긴장해서 발뒤꿈치를 다치지 않도록 주의해."라고 서로 바쁘게 정보를 주고받는다. 그 와중에 줄에 걸려 넘어지지 않도록 소녀의 몸에는 "하나, 둘, 셋, 쉬고, 하나, 둘, 셋 쉬고….."를 반복하며 박자를 맞추는 근육 신경 뭉치들이 있다. 놀라운 것은 이 모든 일이 굉장히 짧은 시간 안에 일어나고 있다는 사실이다. 이 모든 일들을 완벽하게 수행하며 이 소녀는 자신을 관찰하는 생리학 교수를 향해 싱긋 웃을지도 모르겠다. 물론 그 미소 또한 소녀의 뇌와 몸의 합작품이다.

또 다른 예로, 전기를 들어 보자. 양전하와 음전자 사이에 서로 끌어당기는 힘은 굉장히 세서, 전하 하나하나는 다른 모든 전하들과 서로 힘을 주고받으며 물질 내에서 조심스럽게 균형을 이룬다. 지난 수천 년 동안 인간은 눈에 보이지 않는 '전기'라는 현상을 인지하지 못했는데, 역사적인 기록에 따르면 호박琥珀 조각을 마구 문지르면 종잇조각을 잡아당길 수 있다는 관찰 정도가 고작이었다. 지금에 와서는 그것들을 연구해 본 결과, 양전하와 음전하가 서로 얽혀 물질 내부에 놀라울 정도로 복잡한 또 다른 세계를 만들어 내더라는 사실을 알게 되었다. 하지만 이 놀라운 세계를 발견한 과학의 진가는 충분히 인정받지 못하고 있다.

마이클 패러데이가 했던 어린이들을 위한 6개의 크리스마스 강연

중 하나인 '양초의 화학적 역사Chemical History of a Candle'를 읽어 보자. 패러데이가 이 강연에서 하고자 했던 얘기는 '어떤 것이든 충분히 자세히만 관찰하면 모든 것이 우주 전체와 연관을 맺고 있다'는 심오한 것이었다. 그래서 그는 양초의 특징을 자세히 살펴보면서 그걸 통해 연소나 화학의 여러 주제들을 조금씩 파고들었던 것이다. 하지만 누군가가 쓴 이 책의 서문에는 패러데이의 생애와 그의 과학적 발견에 대해 묘사해 놓은 대목이 있는데, 패러데이가 '화학물질이 전기분해될 때 필요한 전기의 양이 분리된 원자들의 총 개수를 원자가로 나눈 값에 비례한다'는 사실을 발견했다고 쓰고 있다. 그러면서 그가 발견한 화학적 원리들은 현재 크롬 도금이나 알루미늄의 음극도색 등 다양한 방식으로 산업에 적용되고 있다는 언급도 빼놓지 않았다. 그러나 나는 이 설명이 별로 마음에 들지 않는다. 패러데이 자신은 그가 발견한 것에 대해 어떻게 얘기했는지 살펴보자.

"물질을 이루는 원자들은 교묘한 방식으로 전기력과 연관돼 있어서 아주 놀라운 특징들을 만들어 내는데, 그중 하나가 바로 원자들 간의 상호 화학적 친화력입니다."

그는 원자가 어떻게 결합되는지 그 근본원리를 발견했다. 다시 말해, 어떤 원자들은 전기적으로 양성을 띠고 다른 원자들은 전기적으로 음성을 띠며 그 크기가 원자들마다 달라 서로 일정한 비율로 끌어당기기 때문에, 철과 산소가 만나면 특별한 조합 비율을 가진 산화철이 만들어지게 된다는 사실을 밝혀 낸 것이다. 또한 그는 전기의 양이 원자마다 서로 다르며 그것이 원자의 단위를 형성한다는 사실을 발견했다. 이 두 가지 사실은 모두 매우 중요한 발견이었지만, 이것이 우리에게 각별히 흥미로운 것은 전기학과 화학이라는 두 거대한 분야가 하나로 통일되는, 과학의 역사에서 가장 극적인 순간들 중 하나라는 사실 때문이다. 패러데이는 겉으로는 전혀 다르게 보이는 두 현상이 사실은 한 현상의 서로 다른 측면이라는 사실을 순간 깨달았다. 당시에도 전기를 연구하는 사람들이 있었고, 화학을 연구하는 사람들이 따로 있었다. 그런데 패러데이는 '전기력의 결과로 화학적 변화가 일어난다' 는 사실을 발견함으로써 과학자들이 오랫동안 서로 다른 방향을 바라보고 있었음을 깨달았다. 지금에 와서 우리는 패러데이의 발견을 널리 받아들여, 하나의 이론으로 두 분야의 현상들을 말끔히 설명하는 기쁨을 누리고 있다. 그런 점에서, 패러데이의 발견이 그저 크롬 도금에 쓰인다고만 얘기하는 것을 나는 도저히 용납할 수 없다. 여러분도 흔히 경험했으리라 생각하는데, 신문들은 생리학 분야에서 새로운 발견이 이루어질 때마다 그 끄트머리에 이런 틀에 박힌 문장을 적어 넣는다.

"이 연구를 수행한 과학자는 이 발견이 암 치료에 기여할 수 있을 것이라고 내다봤다." 하지만 대부분의 발견자들은 자신이 발견한 것의 진정한 가치를 제대로 설명할 줄 모른다.

자연이 작동하는 방식을 이해하려고 노력하는 과정은 고도의 추론 능력을 아주 철저하게 테스트하는 작업이기도 하다. 이 작업에는 섬세한 기교와 함께 '어떤 일이 일어날지 예측함에 있어 조금의 실수도 용납하지 않는 아름다운 논리의 줄타기'가 포함돼 있다. 양자역학과 상대성이론이 바로 그 전형적인 예이다.

앞서 설명한 과학의 실용적 측면과 과학적 발견들 못지않게 중요한 것이, 과학의 세 번째 측면이기도 한 '발견하는 방법으로서의 과학'이다. 과학은 발견을 위한 방법으로서 '관찰'을 사용한다. 관찰은 어떤 것이 옳은지 그른지에 대한 심판관이다. 한 아이디어나 가설이 진실인지 아닌지 증명하고 최종적으로 심판하는 것은 결국 관찰 결과라는 사실을 알고 나면, 과학이 지닌 다른 측면들도 쉽게 이해할 수 있을 것이다. 하지만 여기서 말하는 '증명'이란 실상 '검사'를 의미한다. '표준순도 100도 알코올'이라고 말할 때, 그 의미는 알코올 검사를 통해 100퍼센트 순수 알코올이라는 사실을 보증한다는 뜻이다. 내가 말하려는 것도 바로 이런 의미다. 아마도 다른 말로, '예외가 가설을 시험한다' 혹은 '예외가 그 규칙이 틀렸다는 걸 증명한다'라는 식으로 표현할 수 있을 것이다. 이것이 과학의 원리이다. 만약 어떤 규칙에 예외가 존재하고 규칙에 위반되는 예외적인 상황이 관찰됐다면 그 규칙은 틀린 것이 된다.

어떤 규칙이든 예외는 그 자체로 무척 흥미롭다. 우리가 믿고 있던 예전 규칙이 옳지 않다는 것을 드러내기 때문이다. 기존 규칙으로 설명할 수 없는 예외가 존재한다는 사실을 알고 나면 예외까지도 모두 설명할 수 있는 새로운 '옳은 규칙'을 찾아야 하는데, 이 과정이 아주 재미있다. 그러기 위해서는 예외적 상황이나 그것과 유사한 효과를 제공하는 다른 상황들을 연구해야 한다. 그 과정을 통해 과학자들은 더 많은 예외적인 경우들을 발견하게 되고 예외적인 상황들이 갖는 공통된 특징들을 끄집어내기 위해 노력하게 되는데, 이 과정이 전개될수록 연구는 더욱 흥미로워진다. 따라서 과학자들은 설령 자신이 발견한 것이라 하더라도, 규칙이 틀렸다는 사실을 밝혀내는 데 주저해선 안 된다. 오히려 반대로 그것을 발견하는 데 적극적이어야만 과학이 발전하고 더 재미있어진다. 결국 과학자들은 자신이 틀렸다는 사실을 최대한 빨리 증명하려고 노력하는 사람들인 것이다.

관찰을 통해 옳고 그름을 판별한다는 과학의 발견 원리는 과학의 범위를 '관찰이 가능한 문제들'로 크게 제한한다. 결국 우리는 과학을 통해 "만약 우리가 이렇게 하면 어떤 결과가 벌어질까?" 같은 질문으

로 표현될 수 있는 주제들만 다루게 되고, "우리는 이것을 과연 해야만
하나?" 혹은 "이것은 어떤 가치를 지니는가?"와 같은 질문들에 대해
서는 다루지 않는다.

하지만 너무나 당연하게도, 어떤 것이 과학적이지 않다고 해서 - 즉
관찰이라는 시험대에 올려질 수 없다고 해서 - 그것이 무의미하다거
나 틀렸다거나 어리석다는 뜻은 전혀 아니다. 나는 지금 '과학은 좋은
것이며 다른 것들은 좋지 않다'는 주장을 하려는 게 아니다. 과학자들
은 '관찰 가능한 모든 것'들을 택해서 분석한 후 그 결과물을 과학이
라 부르는 것뿐이다. 그러니 관찰이라는 방법이 통하지 않는 문제들은
과학의 영역에서 제외될 수밖에 없는데, 그렇다고 해서 그런 문제들이
중요하지 않다는 의미는 아니라는 얘기다. 오히려 그런 문제들이 여러
가지 이유로 가장 중요한 문제들일 수 있다. 앞으로 어떻게 행동해야
할지 결정하기 위해서는 '당위성' 또한 염두해 두어야 하기 때문에
"만약 이렇게 하면 어떻게 될까?"를 아는 것만으로는 답을 내릴 수 없
다. 여러분은 "뭐, 어떤 일이 벌어질지 생각해 봐서, 그렇게 되는 게
좋은지 아닌지 따져 본 다음에 결정하면 되는 거 아니예요?"라고 반문
할지도 모른다. 하지만 이 과정에서 과학자는 어떤 일이 벌어질지 알
아내어 당신에게 생각해 볼 기회를 줄 순 있지만, '그렇게 되는 게 좋
은지 아닌지를 따져 보는' 것에 대해서는 도움을 줄 수 없다.

관찰을 심판으로 삼는다는 과학적 원리는 자연스레 몇 가지 새로운 결론들을 도출한다. '관찰은 매우 중요한 과정이므로 대충 해선 안 되며 매우 조심스럽게 수행해야 한다'는 것도 그 중 하나다. 장치에 있는 작은 먼지 조각 하나가 결과를 완전히 바꿀 수도 있다. 이건 여러분이 원하는 상황이 아니다. 따라서 관찰은 아주 조심스럽게 진행되어야 하며, 여러 번의 확인 과정을 통해 모든 조건들에 대해 충분히 수행되어야 한다. 또 얻어진 결과물에 대해 잘못 해석한 것은 없는지 확실히 해야 한다.

사실은 굉장한 미덕인 과학의 이러한 '철저함'이 흔히 잘못 이해되곤 한다는 점은 매우 흥미롭다. 사람들 중에는 어떤 일이 철저하게 수행됐을 때 '과학적'이라는 단어를 사용하는 경우가 있다. 나는 사람들이 제2차 세계대전 때 독일에 있는 유태인들에게 행해졌던 대량 학살을 '과학적 절멸'이라고 표현하는 것을 들은 적이 있다. 그것을 '과학적'이라 부를 까닭은 하나도 없다. 그저 철저했을 뿐이다. 유태인의 대량 학살은 '무엇인가를 결정하기 위해 관찰하고 그 결과를 검증하는 문제'와는 아무런 상관이 없었기 때문이다. 심지어 과학이 요즘처럼 많이 발전하지도 않았고 관찰의 중요성도 별로 깨닫지 못했던 고대 로마 시대에 행해진 대규모 '과학적 절멸'에도 '과학적'이란 말 대신 '철저한'이나 '완전한'이란 단어를 써야 한다.

'관찰'이라는 흥미로운 게임을 수행하기 위한 특별한 기술들이 오래 전부터 개발되었고 과학철학이라는 분야에서도 이 기술들에 대한 논의가 오랫동안 있어 왔다. 그 중 중요한 주제가 바로 결과를 올바르게 해석하는 문제다. 평범한 예를 들자면, 친구에게 자신이 발견한 신기한 현상에 대해 얘기하는 한 남자에 대한 일화다. 그는 '자신의 농장에 있는 백마들이 흑마들보다 풀을 더 많이 먹어치운다'며 친구에게 불평을 늘어놓았다. 이런 현상을 도저히 이해할 수 없다며 걱정하는 이 남자에게 친구는 이런 말을 해 준다.

"내가 보기에는 그저 백마들의 숫자가 흑마들의 숫자보다 더 많은 것 같은데."

터무니없게 들리겠지만 일상생활에서 우리도 비슷한 실수를 많이 한다.

"내 여동생이 감기에 걸렸었는데 두 주 후에 (나도 시험을 망쳤어)."

괄호 안의 내용은 상황마다 달라질 수 있지만, 우리도 흔히 관찰 결과는 사실임에도 인과관계에 대한 해석을 잘못하는 오류를 종종 범한다. 생각해 보면 이것도 '백마가 더 많았던 경우'와 다르지 않다. 과학적인 추론을 하려면 일정 수준의 훈련이 필요하며, 학교는 이런 훈련 과정을 제공하려고 노력한다. 설령 아주 사소한 실수라도, 이런 종류의 그릇된 해석은 불필요하기 때문이다.

과학이 지닌, 또 다른 중요한 특징은 바로 '객관성'이다. 관찰 결과를 객관적으로 검토해야 하는 것은 관찰하는 사람이 특정한 결과를 선호하거나 기대하는 경우가 종종 있기 때문이다. 만약 실험을 하는데 먼지가 떨어지는 일과 같은 아주 사소한 원인으로 인해 결과가 어쩌다 한 번씩 바뀐다고 가정하자. 모든 조건을 제어할 수 있는 건 아니니까 흔히 일어날 수 있는 상황이다. 실험자는 자신의 가설에 맞는 '원하는 결과'가 나오면 "이것 봐, 결과가 이렇게 나오잖아."라고 환호를 지를 것이다. 두 번째 실험에서 결과가 다르게 나오면 이를 무시해 버릴 수도 있다. 어쩌면 첫 번째 실험 결과가 먼지 조각 때문에 벌어진 잘못된 결과였을 수도 있는데 말이다.

이런 실수는 너무 자명해서 아무도 안 할 것 같지만, 사람들은 과학의 문제 뿐 아니라 사회적인 문제에서도 때론 충분히 주의를 기울이지 않아 이런 실수를 범할 수 있다. 예를 들어, 흔히 접하게 되는 '대통령이 ○○○ 발표를 했더니 주가가 올랐다' 같은 분석에는 어느 정도 막연한 느낌이나 자의적 해석이 개입되지 않았다고 보기 어렵다.

관찰과 관련하여 또다른 중요한 특징은 규칙은 구체적이고 명확할수록 더 흥미롭다는 사실이다. 어떤 표현이 분명하면 그것을 테스트해 보는 일 또한 흥미진진해진다. 만약 누군가가 행성이 태양 주변을 도는 것은 행성을 이루는 물질에 '움프'라는 가상의 '운동하려는 경향'이 있기 때문이라고 제안한다 치자. 이 이론은 다른 많은 현상들을 설명할 수 있을 것이다. 그렇다면 이 이론은 좋은 이론일까? 결코 아니다! '태양의 중심으로부터 거리의 제곱에 반비례하는 중력의 영향 아래 행성들이 태양 주위를 돈다'는 명제에 비한다면 한참 낮은 수준의 이론인 것이다. 두 번째 이론은 아주 구체적이기 때문에 더 좋은 이론이다. 우연의 결과로 들어맞을 가능성이 매우 낮고, 행성의 운동을 설명하는 데 있어 아주 작은 오차로도 이론이 잘못되었다는 것을 증명할 수 있을 만큼 분명하기 때문에 두 번째 이론은 좋은 이론이다. 하지만 행성이 여러 장소에서 비틀거리더라도 첫 번째 이론에 따르면 "음, 그건 움프의 특이한 행동방식일 뿐이야."라고 설명해 버리면 그만이기에 첫 번째 이론은 그다지 좋은 이론이 아니다.

　규칙이 구체적이고 명확할수록 더 강력해지고, 더 쉽게 예외가 생길 수 있어 검증 절차도 흥미로워지며, 그래서 더욱 가치있다. 단어들은 무의미할 수 있다. '움프'의 예에서 본 것처럼, 명확하게 결론을 내릴 수 없는 방식으로 단어를 정의하고 사용한다면 그것이 진술하는 명제들도 거의 무의미하게 된다. 물체들이 스스로 운동하려는 경향을 갖는다는 주장을 통해 거의 모든 현상을 다 끼워 맞춰 설명할 수 있기 때문이다. 이 문제에 대해서는 철학자들이 오랫동안 연구를 해 왔는데, 그들에 따르면 단어는 매우 명확하게 정의되어야 한다. 솔직히 말해서 나는 이 말에 대해 조금 다른 견해를 가지고 있긴 하다. 사실 대개의 경우 단어를 매우 정확하게 정의할 필요는 없으며 어떤 경우엔 그것이 가능하지도 않다. 사실 대부분의 경우에 가능하지 않지만, 여기서 그 주장을 펼치지는 않을 생각이다.

과학에 대해 많은 철학자들이 얘기하는 대부분은 실제로 그 과학적 방법이 꽤 잘 통한다는 걸 확인하려는 노력과 관련된 기술적 측면들이다. 관찰로 심판받을 수 없는 분야에서도 이러한 기술적인 측면들이 유용할지는 나도 잘 모르겠다. 관찰과는 다른 검증 방법이 사용될 때에도, 모든 것을 과학과 같은 절차를 밟아야 한다고 말하지도 않겠다. 어쩌면 다른 분야에선 단어들의 의미에 대해 조심스러워야 한다거나 규칙이 명확해야 된다는 등의 주장이 그리 중요하지 않을 수도 있다. 잘 모르겠다.

지금까지 많은 걸 언급하면서 매우 중요한 사실 한 가지를 빼놓았다. 과학은 관찰을 통해 사람들의 아이디어를 심판한다고 했는데, 그렇다면 아이디어는 처음에 어떻게 만들어지는 것일까? 과학의 급속한 발전과 진보는 인류로 하여금 끊임없이 검증된 아이디어를 요구한다는 점에서, 아이디어가 어떻게 탄생하는가 하는 문제는 매우 중요하다.

중세 시대에는 사람들이 '많은 관찰을 수행하다 보면 그 관찰 결과 자체가 법칙을 제안한다'고 믿었다. 하지만 그런 방법으로는 법칙을 찾아낼 수 없다. 실제로 우리는 그보다 좀 더 많은 상상력을 필요로 한다. 그래서 우리가 다루어야 할 다음 문제가 바로 '새로운 아이디어는 어디서 나오는가' 하는 문제다. 사실 어디서 나오든지 나오기만 하면 그 다음부터 모든 아이디어는 똑같은 취급을 받는다. 어떤 아이디어가 옳은지 그른지 검증하는 과학적 절차는 그 아이디어가 어디서 나왔든 다 똑같다. 관찰을 통해 예측한 값과 측정된 값을 비교해서 검증할 뿐이다. 그래서 과학에선 아이디어가 어디서 비롯됐는지에 대해 사실 별 관심이 없다.

어떤 아이디어가 좋은 아이디어인지 결정할 수 있는 권위자도 없다. 그 권위자를 찾아가서 아이디어가 참인지 거짓인지 물어볼 필요가 사라진 것이다. 그 권위를 받아들여 그에게 무언가를 제안하게 할 수는 있다. 그리고 그것을 시도해 봄으로써 그 아이디어가 참인지 거짓인지 확인해 볼 수 있을 것이다. 만약 거짓으로 판명된다면 상황은 더욱 나빠진다. 권위자는 자신의 권위에 상처를 입게 되기 때문이다.

대부분의 사람들이 그러하듯, 과학자들도 처음엔 논쟁을 무척 즐겼다. 특히 물리학의 초창기엔 더욱 그랬다. 하지만 요즘엔 물리학자들 간의 인간관계는 굉장히 좋은 편이다. 과학적인 논쟁을 하다 보면 웃음이 터지기 일쑤이고, 자신들의 이론이 불확실하다는 것을 흔쾌히 인정하고, 이를 검증하기 위한 기발한 실험들을 고안해서 결과에 내기를 걸곤 한다. 물리학 분야에서는 지금까지 쌓아 온 관찰 데이터들이 너무 많아서, 이 모든 관찰 결과들을 잘 설명할 수 있으면서 동시에 지금까지 한 번도 제안되지 않았던 새로운 아이디어를 생각해 낸다는 것 자체가 거의 불가능하다. 그래서 누구한테서 나왔든 어디서 나왔든지 간에, 새로운 아이디어가 제안되면 이를 환영하지 나와 다른 생각을 가지고 있는 사람에게 논쟁을 걸려고 하진 않는다.

다른 과학 분야에서는 물리학만큼 관찰 데이터들이 많지 않아서 물리학의 초창기처럼 논쟁이 벌어지는 경우가 종종 있는 것 같다. 하지만 진실을 판단할 독립적인 방법이 존재한다면 사람들 간에 굳이 논쟁할 필요가 없게 된다는 사실은 매우 흥미롭다.

놀랍게도 과학자들은 아이디어 자체에만 관심을 가질 뿐, 아이디어를 제안한 사람의 과거 경력이나 이런 아이디어를 떠올리게 된 동기에 대해서는 전혀 관심이 없다. 아이디어를 들어보고, 그것이 시도해 볼 만한 가치가 있는 것처럼 판단되고, 시도해 볼 수 있으며, 지금까지의 생각들과는 확실히 다르고, 또 지금까지의 관찰 데이터들과 명백히 상반되지 않는다면, 과학자들은 기꺼이 이 아이디어를 테스트하는 데 시간과 노력을 들일 것이다. 아이디어를 제안한 사람이 얼마나 오랫동안 연구했는지, 아니면 왜 이 사람이 이런 아이디어를 제안하는지에 대해서는 전혀 신경쓰지 않는다. 그렇기 때문에 아이디어가 어디에서 나오든 달라질 게 하나도 없는 것이다. 어쩌면 아이디어의 실질적인 근원은 '미지의 세계'이다. 우리는 그걸 인간 두뇌의 상상력, 혹은 창조적 상상력이라고 부르지만, 이름은 별로 중요하지 않다. 마치 '움프'처럼.

나는 사람들이 '과학에는 상상력이 들어설 자리가 없다'고 믿는 것이 오히려 놀랍다. 사실 과학에는 예술가의 상상력과는 다른, 아주 재미있는 종류의 상상력이 존재한다. 우리는 과학을 통해 지금까지 한 번도 본 적이 없는 것을 떠올려야 한다. 그것은 지금까지 알려진 모든 관찰 결과들을 잘 설명할 수 있어야 하고, 지금까지 제안된 다른 아이디어와는 매우 다른 것이어야 하며, 검증 가능할 만큼 구체적이고 정확해야 한다. 그래서 과학적으로 상상한다는 것은 매우 힘든 작업이다.

덧붙여 말하자면, 검증할 수 있는 규칙이 이 세상에 존재한다는 사실 자체도 일종의 기적에 가깝다. 아무런 실마리도 없는 상황에서 '중력이 거리의 역제곱에 비례한다'는 규칙을 찾는 일이 어떤 것인지 상상해 보라. 그것을 발견했다는 사실이 기적처럼 느껴지지 않는가! 우리가 '만유인력의 법칙'을 완벽하게 이해한 것은 아니지만, 이 법칙을 통해 우리는 아직 시도하지 않은 수많은 실험들에 대해 어떤 결과가 일어날지 예측할 수 있다.

과학의 여러 규칙들에 있어 가장 중요한 핵심은 이들 규칙들이 서로 일관성을 가져야 한다는 사실이다. 관찰은 다 똑같은 관찰이며 모든 관찰은 평등하다. 이 규칙은 이런 예측을 하고, 저 규칙은 저런 예측을 한다는 것은 말도 안 된다. 따라서 과학은 매우 세분화된 분야가 아니라 완전히 보편적인 분야라고 말하는 편이 옳다. 생리학에서 말하는 원자들과, 천문학이나 전자기학 또는 화학에서 말하는 원자들은 서로 정확히 같은 개념이며, 같은 규칙을 따른다. 매우 보편적이며 상호 일치해야 한다. 원자들로 이루어지지 않은 어떤 새로운 물질로 갑자기 과학을 시작할 수는 없다는 얘기다.

이성적 추론을 통해 규칙을 짐작할 수 있다는 사실과 – 적어도 물리학에서는 – 규칙들의 숫자를 줄일 수 있다는 사실 또한 흥미로운 대목이다. 화학과 전기학에서 서로 다른 규칙들이 하나의 규칙으로 멋지게 줄어드는 예를 보았는데, 사실 이런 예는 아주 많다.

자연을 묘사하는 규칙들은 매우 수학적으로 보인다. 하지만 이것은 '관찰이 가설을 심판한다'는 과학의 원리에 기반한 것은 아니며, 모든 과학이 수학적일 필요도 없다. 단지, 적어도 물리학에서는, 규칙을 수학적으로 기술하면 현상을 좀 더 정확하게 예측할 수 있다는 사실이 알려져 있다. 자연의 법칙은 왜 정교하게 수학적으로 기술될 수 있는가 또한 아직 풀지 못한 미스테리이다.

자, 이제 가장 중요한 대목에 다다른 것 같다. 과학을 이야기하는 데 있어 가장 중요한 특징 중 하나는 '관찰을 통해 검증된 규칙이라 하더라도 얼마든지 틀릴 수도 있다' 는 사실이다. 어떻게 관찰이 잘못된 규칙을 도출할 수 있는가? 제대로 성실하게 검증만 했다면 어떻게 틀릴 수 있단 말인가? 왜 물리학자들은 항상 법칙들을 바꿔야만 할까? 이 중요한 질문들에 대해 내 대답을 먼저 들려드리자면, 규칙은 관찰 그 자체가 아니기 때문에 얼마든지 틀릴 수 있으며, 관찰이라는 실험 과정은 항상 부정확하다는 것이다. 규칙은 그저 추측된 법칙이며 외삽外插의 결과일 뿐, 관찰에 잘 부합된다고 해서 반드시 그 규칙이 성립해야 하는 것은 아니다. 아직까지는 관찰이라는 그물망에 걸러지지 않은 채 '꽤 쓸만한 추측' 으로 남아 있지만, 시간이 지나고 그물망의 코가 예전에 쓰던 것보다 점점 작아지면 - 다시 말해 관찰의 정확도가 점점 더 높아지면 - 때론 그 규칙도 그물망에 걸러지게 될 수도 있다. 규칙은 그저 추측일 뿐이다. 미지의 세계를 향한 외삽인 것이다. 어떤 일이 벌어질지 알 수 없기 때문에 이렇게 추측을 하는 것이다.

일례로, 우리는 물체가 운동을 한다고 해서 무게가 달라지는 것은 아니라고 오랫동안 믿어왔다. 정지하고 있는 팽이의 무게와 빠르게 회전하고 있는 팽이의 무게는 똑같을 것이라고 믿었다. 아니 발견했었다고 말하는 편이 옳을 것이다. 그리고 이것은 관찰의 결과이기도 했다. 하지만 이것은 팽이의 무게를 10억 분의 1 그램처럼 매우 낮은 소수점 아래까지 측정할 수 없을 때에만 관찰의 결과와 일치하는 이론이었다. 이제 우리는 회전하는 팽이가 정지해 있는 팽이보다 10억분의 1보다도 더 작은 크기만큼 무게가 더 나간다는 사실을 알고 있다. 팽이가 충분히 빨리 회전해서 그 속도가 1초에 30만 킬로미터를 달리는 빛의 속도에 근접하게 되면 무게는 충분히 감지할 수 있을 만큼 증가한다. 하지만 그 전까진 그렇지 않다. 처음에 했던 실험에서 팽이의 회전속도는 빛의 속도와는 비교도 안 될 만큼 훨씬 느렸다. 그때는 마치 회전하는 팽이와 정지한 팽이의 질량이 정확히 똑같은 것처럼 보였기 때문에 이 사실을 관찰한 사람은 질량은 운동에 상관없이 불변한다고 추측했던 것이다.

이 얼마나 바보스러운가! 그 사람 정말 바보 같지 않은가! 그러나 그저 외삽을 통해 추측된 법칙이었을 뿐이었던 것이다. 왜 그 사람은 그토록 비과학적인 짓을 한 것일까? 아니다! 사실 그 일은 전혀 비과학적이지 않았다. 다만 불확실했을 뿐이다. 만약 추측조차 하지 않았다면 그것이 오히려 비과학적인 행동이었을 것이다. 우리가 이렇게 해야 하는 이유는 '외삽'만이 진정 가치 있는 유일한 방법이기 때문이다. 우리가 반드시 알아야 할 가치가 있는 것은 우리가 경험해 보지 않은 상황에서도 우리가 추측한 대로 일이 벌어지게 될 거라는 원리, 그것 뿐이다. 지식이 어제 무슨 일이 일어났는지에 대해서만 얘기해 줄 수 있다면 그것은 아무런 가치가 없다. 내일 무슨 일이 벌어질 것인가에 대해 알려 주는 원리가 필요하다. 그리고 그것이 재미있다. 이를 얻기 위해 우리에겐 그저 무모한 짓이라도 시도할 용기가 필요할 뿐이다.

모든 과학 법칙과 모든 과학적 원리, 그리고 관찰을 통해 얻은 결론은 구체적인 세부 사항들을 빼놓은 '단순 명제'가 되기 십상이다. 그것은 어떤 법칙도 완벽히 정확하게 진술할 순 없기 때문이다. 실험자는 자신의 질량 법칙을 기술할 때 '질량은 물체의 속도가 아주 높지 않다면 많이 변하지 않는다'라고 법칙을 서술했어야 옳았겠지만 그러지 않았다. 이처럼 과학은 구체적인 규칙을 만들어서 관찰의 그물망을 통과하는지 알아보는 일종의 게임이다. 한 과학자는 '질량이 항상 불변한다'라는 구체적인 규칙을 내놓았고 이 재미있는 가능성은 결국 틀린 것으로 판정되었지만, 누구에게도 해를 끼치진 않았다. 그저 불확실했을 뿐인데, 불확실하다고 해서 위험한 것은 아니니까 말이다. 무엇이든 구체적인 주장을 하되 확신을 하지는 않는 편이 아무것도 말하지 않는 것보다는 훨씬 더 낫다.

우리가 과학을 통해 얻어 낸 모든 결론들은 그저 반증되지 않고 아직까지 살아남아있는 '잠정적인 결론'이며, 불확실함은 피할 수 없는 요소이다. 우리는 어떤 일이 벌어질지 추측을 할 뿐이며, 완벽한 실험을 하진 못했기에 진실이 무엇인지는 아직 알 수 없다.

팽이가 회전할 때 질량이 늘어나는 효과가 너무 작기 때문에 "아, 아무런 차이가 안 나는구나."라고 얘기할 수 있다. 하지만 '올바른 법칙', 다시 말해 관찰이라는 정교한 그물망을 수없이 통과하고 끝내 살아남을 법칙을 발견하기 위해서는 굉장한 지적 능력과 상상력, 시간과 공간에 대한 우리의 상식을 완전히 바꾸어 놓을 만큼 혁명적인 아이디어가 필요하다. 그 대표적인 예가 바로 상대성이론이다. 과학 분야에서 아주 작은 성과라도 얻기 위해서는 기존의 생각을 완전히 바꾸는 혁명적인 사고방식이 요구된다.

그러므로 과학자들은 의심과 불확실성을 다루는 데 익숙해 있다. 모든 과학적 지식은 불확실하다. 하지만 의심과 불확실성으로 가득 찬 과학 지식을 다루어 본 경험은 매우 소중한 것이다. 나는 이것이 매우 가치있는 일이며 과학을 벗어나 다른 분야에서도 매우 유용한 것이라고 믿는다. 아직 아무도 풀지 못한 문제를 풀기 위해서는 '미지의 세계'로 향하는 문을 조금 열어 놓아야 한다. 지금 옳다고 믿는 것이 정확하지 않을 수 있다는 가능성을 항상 받아들일 준비가 돼 있어야 한다. 만약 그렇지 않고 지금 알고 있는 해답을 법칙이라 굳게 믿고 있으면, 영영 문제를 못 풀 수도 있다.

만약 과학자가 어떤 문제에 대해 답을 모른다고 말한다면, 그는 정말 그 답을 모르는 것이다. 만약 그가 "해답이 무엇인지 잘은 모르지만 짚이는 구석이 있기는 해."라고 말한다면, 그는 아직 그 문제를 명확히 파악한 것은 아니다. 그가 설령 해답이 무엇인지 확신을 갖고 "이것이 바로 이 문제에 대한 정답이야. 내기를 해도 좋아."라고 확신에 찬 말을 할 때에도 머릿속엔 여전히 조금의 의심이 남아 있다. 과학자의 머리에서 의심을 몰아낼 수는 없다. 하지만 과학이 진보하기 위해서는 이러한 무지함과 의심이 반드시 필요하다는 것을 인정해야 한다. 오늘의 해답에 대해 의심을 품고 있기에 내일의 더 나은 해답을 찾아 새로운 탐색의 길을 제안할 수 있는 것이다. 과학이 빠르게 발전하기 위해서는 더욱 정교한 관찰 방법이 개발되는 것뿐만 아니라, 테스트해 볼 수 있는 새로운 가설들을 끊임없이 만들어 내는 것이 더욱 중요하다.

만약 새로운 길을 탐색할 능력이나 의지가 없다면, 또 만약 우리가 더 이상 의심하지 않거나 무지함을 인정하지 않는다면, 우리는 결코 어떤 새로운 아이디어도 얻을 수 없을 것이다. 우리가 알고 있는 것을 진실이라 확신하고 있다면 그 어떤 것도 힘들여 검사해 볼 생각을 안 할 테니까. 지금 우리가 '과학적 지식'이라 부르는 것들은 '확실한 정도가 제각기 다른 여러 진술들의 집합체'라고 볼 수 있다. 그중 어떤 것들은 매우 불확실하며 또 거의 확실한 것들도 있긴 하겠지만, 그 어떤 것도 절대적으로 완전히 확실하지는 않다. 과학자들은 이 점에 매우 익숙해 있다. 모르는 채로 그렇게 살아가는 것이다. 혹자는 "어떻게 제대로 알지 못한 채 살아갈 수가 있죠?"라고 물을 수도 있겠지만, 나는 도무지 이런 질문이 이해가 안 된다. 당신은 모든 것을 잘 알고 있는가? 내 경우 대부분을 정확히 모르는 채로 살아왔다. 쉬운 일이다. 내가 진정 알고 싶은 것은 '우리가 어떻게 점점 알아가게 되는가' 하는 질문에 대한 답이다.

의심을 할 수 있는 자유는 과학에서 중요한 문제이며, 다른 분야에서도 그렇다고 나는 믿는다. 이 자유는 오랜 투쟁의 결과로 얻게 된 것이다. 의심할 수 있도록, 확신하지 않도록 허락받은 것 자체가 투쟁이었다. 나는 우리가 이 투쟁의 고귀함을 잊어버려 많은 가치를 잃게 되는 상황을 원치 않는다. 나는 우리 자신의 무지함을 떳떳이 인정하는 철학과 자유로운 사고를 통해 얻어 낸 진보의 가치를 아는 과학자로서 이에 대해 깊은 책임감을 느낀다. 끊임없이 의심하는 자유의 가치를 알리고, 의심이 결코 공포의 대상이 아니며, 인류의 새로운 잠재 능력을 가능케 하는 소중한 것이라는 사실을 받아들여야 한다고 다음 세대들에게 가르쳐야 할 책임을 느낀다. 무엇이든 확실하지 않다는 사실을 알게 되면, 개선의 여지는 언제든지 열려 있다. 나는 미래의 세대들에게 바로 이 자유를 요구하고 싶다.

과학에 있어 의심은 분명한 가치를 지닌다. '다른 분야에서도 그것이 가치 있는 것인가' 하는 문제는 아마도 대답 없는 질문이 될 것이다. 다음 두 강연에서는 바로 이 점에 대해 좀 더 깊이 논의하면서, 다른 분야에서도 의심을 하는 것은 매우 중요하며 의심은 두려운 것이 아니라 매우 가치 있는 것이란 점을 보여 주기 위해 노력하려고 한다.

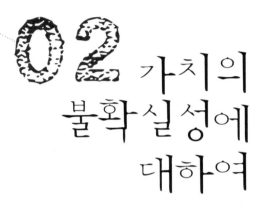

02 가치의
불확실성에
대하여

THE MEANING OF IT ALL

인간이 가지고 있는 놀라운
잠재력을 우리가 이미 이룬 보잘것없는 업적들과 비교하는 것은 매
우 슬픈 일이다. 긴 시대에 걸쳐 사람들은 우리가 지금보다 훨씬 더 잘
살 수 있을 거라고 생각해 왔다. 과거에 악몽과 같았던 시대에 살면서
미래에 대한 꿈을 키워 왔던 사람들과 마찬가지로, 그들의 미래였던
현 시대에 살고 있는 우리들은 서로 다르지 않은 꿈을 꾼다. 물론 개중
엔 생각했던 것보다 더 많은 것을 이루기도 했지만, 현재 우리가 미래
에 대해 가지고 있는 꿈들도 지난 세대들의 꿈들과 별반 다르지 않다.
예전에는 사람들의 잠재력이 충분히 개발되지 못한 이유가 '무지' 때
문이며 교육을 통해 이런 문제들을 해결할 수 있다고 믿었다. 그래서
만약 모든 사람들이 교육을 받을 수 있다면 우리 모두 볼테르François
Marie Arouet Voltaire(1694~1778, 프랑스의 작가, 계몽사상가)와 같은 훌륭

한 사람이 될 수 있을 거라고 생각했었다. 하지만 거짓이나 악 또한 선과 마찬가지로 쉽게 배울 수 있다는 사실을 알게 됐다. 교육은 인간의 잠재력을 키울 수 있는 막강한 힘을 가지고 있지만, 그것을 파괴할 수 있는 방향으로도 사용될 수 있다.

나는 국가 간의 의사소통이 원활해지면 서로에 대한 이해가 깊어져 궁극적으로는 인간의 잠재력도 크게 증대될 수 있다는 얘기를 들은 적이 있다. 하지만 의사소통 수단은 특정 방향으로 집중되거나 가로막힐 수 있다. 진실과 더불어 거짓도 소통될 수 있으며, 가치 있는 정보뿐 아니라 정치적 선전 또한 소통될 수 있다. 의사소통의 힘도 교육의 힘만큼이나 크지만, 이것 역시 선과 악 모두를 위해 사용될 수 있다.

과학기술을 통해 인류를 물질적 궁핍으로부터 구원할 수 있을 거라 믿었던 시절도 있었다. 돌이켜 보면 의약품의 발달처럼 분명 좋은 일들도 많이 있긴 했다. 하지만 그렇게 조심스럽게 통제하고 억제하던 질병을 다시 퍼뜨리기 위해 비밀스런 지하 실험실에서 일하는 과학자들도 있었다.

누구든 전쟁을 좋아하지 않는다. 오늘 우리는 '평화'가 모든 문제의 해결책이 되길 꿈꾼다. 군사비용에 들어갈 돈을 다른 곳에 쓴다면 원하는 다른 많은 일들을 할 수 있을 것이다. 평화는 선을 위해서든 악을 위해서든 큰 힘을 지닌 것임엔 틀림없다. 평화는 악을 위해 무엇을 하게 될까? 그건 나도 잘 모르겠다. 언젠가 우리가 평화를 얻게 된다면 그때 알 수 있겠지. 분명한 것은 물질적인 위력이나 교육의 확대, 의사소통 수단의 발달, 그밖에 수많은 몽상가들의 이상들과 마찬가지로, 평화는 놀라운 힘을 지녔다는 사실이다. 지금 이 시대를 살고 있는 우리들은 조상들에 비해 이런 종류의 힘을 잘 조절할 수 있는 능력을 가지고 있다. 어쩌면 우리는 과거의 사람들보다 더 나은 삶을 가꾸어 가고 있는지도 모르겠다. 하지만 우리가 가지고 있는 잠재력에 비하면 우리가 이룬 업적은 여전히 보잘것없다. 왜 그런 걸까? 왜 우리는 우리 자신을 다스리지 못하는 걸까? 아마도 그것은 그 어떤 놀라운 힘과 위대한 능력도 '그걸 제대로 사용하는 방법을 일러 주는 친절한 설명서'를 우리에게 건네진 않기 때문이다. 예를 들어, 물리적 세계가 어떻게 운행되는지에 대한 이해가 깊어질수록, 우리는 이 세계가 누군가의 의지와는 상관없이 중립적인 법칙들에 의해 움직이는 것일 뿐이라는 확신을 하게 된다. 그렇기 때문에 과학은 선과 악에 대해 우리에게 아무런 가르침을 주지 못한다.

　모든 시대에 걸쳐 인류는 삶의 의미에 대한 통찰을 얻기 위해 노력해 왔다. 인간 삶의 의미가 무엇인지, 또 우리는 어떤 방향으로 나아가야 하는지에 대해 해답을 얻을 수 있다면, 인류의 거대한 능력이 무한히 뻗어 나갈 수 있다고 확신했었다. 그래서 이 '모든 것들의 의미'에 대한 질문에 여러 가지 해답들이 제시됐다. 사람들이 내놓은 답들은 제각기 달랐다. 그중 한 해답을 지지하는 사람들은 다른 답을 지지하는 사람들을 보며 공포를 느끼곤 했다. 왜냐하면 사람들은 나와 다른 관점을 가진 사람들의 비전을 보며, 인류의 거대한 잠재적 능력이 옳지 않은 방향으로 혹은 막다른 골목으로 치닫고 있다고 느꼈기 때문이다. 실제로 철학자들이 인간의 무한한 잠재력을 깨닫게 된 것도 잘못된 믿음으로 인해 극악무도한 살상의 역사를 경험한 후에야 비로소 얻은 것이었다.

그렇다면 막다른 골목이 아닌, 우리를 무한한 잠재력의 세계로 이끌 열린 통로는 과연 무엇일까? '이 모든 것들의 의미'는 도대체 무엇이란 말인가? 존재의 신비에 대해 지금 우리는 어떤 말을 할 수 있을까? 고대인들이 제시한 해답을 포함해 지금까지 발견된 모든 사실들을 종합해 봐도, 우리는 아직 그 대답에 도달하지 못했다는 것이 내 생각이다. 하지만 바로 이 사실을 인정할 때, 비로소 우리는 그 열린 통로로 나아갈 수 있다.

우리가 앞으로 나아가야 할 방향을 모르고 있다는 사실을 인정하고 이런 마음 자세를 계속 유지한다면, 궁극적으로 원하는 것을 이루게 해줄 새로운 사상을 발견할 가능성이 높아진다. 설령 우리가 진정 무엇을 원하는지 지금 알고 있지 않더라도 말이다.

인류 역사상 가장 끔찍했던 시대들을 떠올려 보면, 하나같이 사람들이 무엇인가에 대한 절대적인 신념과 지나친 독단주의에 빠져있을 때였다. 그들은 자신들의 믿음을 너무 심각하게 받아들인 나머지, 다른 사람들 또한 자신들과 같은 길을 가야 한다고 주장했다. 그러고는 그들의 믿음이 옳다는 것을 증명하기 위해 명백히 모순되는 행동을 하곤 했다.

지난번 강연에서도 언급했지만, 오늘도 다시 한번 강조하고 싶은 것은 지난 역사 속에서 여러 번 경험했듯이 우리는 매우 무지하며 우리가 가진 모든 해답은 불확실하다는 사실이다. 이를 인정할 때 인류는 '이 모든 것들의 의미'를 향해 계속 뻗어 나갈 수 있는 열린 통로를 만날 수 있게 된다. 나는 삶의 의미가 무엇인지, 올바른 도덕적 가치란 과연 어떤 것인지에 대해 우리가 아직 그 해답을 모르고 있다고 생각한다. 그리고 그것들을 어떻게 선택해야 하는지조차 모르고 있다고 말하고 싶다.

이제부터는 삶의 의미와 도덕적 가치에 대해 이야기하려고 하는데, 그러기 위해서는 도덕성의 거대한 근원이자 삶의 의미로 충만한 '종교'를 이야기하지 않을 수 없다.

과학과 종교와의 관계에 대해 솔직하고 자세하게 묘사하지 않고서는 '과학적인 생각이 다른 분야의 사상에 어떤 영향을 미쳤는가'라는 주제로 세 번이나 강의할 수는 없다고 생각한다. 왜 이런 변명을 구차하게 늘어놓는지 나 자신도 잘 모르겠는데, 앞으로는 이런 자질구레한 변명 없이 곧바로 본론으로 들어가도록 하겠다.

먼저 '과학과 종교 사이의 갈등'에 대한 이야기를 해 보려고 한다. 본 강연에서 과학이라는 단어를 어떤 의미로 사용하고 있는지는 지난 강연에서 이미 자세히 설명했으니, 여기서는 내가 말하는 '종교'가 어떤 의미인지 얘기해야 할 것 같다. 사실 이건 정말 어려운 문제이다. 사람들마다 머릿속에 떠올리는 의미가 제각기 다르기 때문이다. 하지만 오늘 강연에서 나는 종교를 일상적이고 평범한 의미로 사용할 것이다. 고상한 신학적 정의가 아니라, 평범한 사람들이 교회를 다니고 사회적 관습에 따라 종교적 신념을 받아들이는 정도로서 종교를 규정하고자 한다.

종교를 이런 상식적인 틀에서 정의한다면, 과학과 종교 사이에는 분명 갈등이 존재한다고 나는 믿는다. 어려운 신학적 이론을 끌어들여 '과학과 종교 간의 갈등' 문제를 언급하는 대신, 보다 명료하게 이 문제를 다듬고 논의를 빨리 진행하기 위해 내가 가끔 주변에서 목격하는 예를 소개하겠다.

신실한 종교적 가정에서 자란 젊은이가 대학교에 가서 과학을 전공하게 됐다고 치자. 그 결과, 그는 자연스럽게 과학을 공부하면서 훈련

받은 대로 모든 것에 대해 의심하기 시작한다. 그의 아버지가 생각했던 신에 대해 제일 먼저 의심을 품기 시작했고 곧이어 신의 존재를 불신하기 시작한다. 여기서 '신'이란 이 우주를 창조했으며, 우리의 기도를 들어주고, 도덕적 나침판이 되어 그 기도에 응답해 주는 그런 신을 말한다. 우리는 이런 상황을 주변에서 종종 보게 된다. 내가 일부러 특이하게 만들어 내거나 가공된 이야기가 아니다. 나는 실제로 과학자들 중에 과반수가 그들의 아버지가 믿고 있는, 전통적인 의미의 신을 믿지 않는다고 생각한다. 대부분의 과학자들은 신을 믿지 않는다. 왜 그럴까? 도대체 무슨 일이 있었던 것일까? 이 문제에 명확히 대답할 수 있다면, 종교와 과학의 관계에 대한 본질도 그 대답 안에 있을 것이다.

음, 도대체 왜 그런 걸까? 여기에는 세 가지 가능성이 있다. 첫째는 수많은 무신론자 과학자들이 학교와 교실에서 이 젊은이에게 자신의 사악함을 전수했기 때문이라는 가설이다 (청중 웃음). 웃어 주셔서 감사드린다. 만약에 이 관점에 동의한다면, 내가 종교를 아는 만큼 여러분이 과학에 대해 잘 알지 못한다는 사실을 보여 주는 것이다.

두 번째 가능성은 배움이 깊지 않고 어설프면 때론 매우 위험해질 수 있는데, 과학을 조금 배운 이 젊은이는 자신이 모든 것을 다 안다고 착각한 나머지 이런 결론에 도달했다는 가설이다. 이 가설에 따르면, 이 젊은이가 좀 더 성숙해지면 모든 것들을 제대로 이해하게 될 것이라는 추측도 포함돼 있다. 하지만 나는 이 가설에 동의하지 않는다. 내 생각엔 과학자들 중에는 충분히 성숙하거나 자신이 성숙하다고 믿는 사람들이 많은데, 그들은 신을 믿지 않는다. 만약 여러분도 그들의 종교적 믿음을 먼저 묻지 않고 선입견 없이 판단한다면 그들이 성숙하다는 사실에 동의할 것이다. 오히려 내 생각은 이 가설과 정반대다. 그는 과학을 공부할수록 다 알고 있다고 생각하는 게 아니라, 어느 순간 갑자기 아무것도 알지 못한다는 사실을 깨닫게 된다.

이 현상을 설명할 세 번째 가능성은 그 젊은이가 과학을 잘못 이해하고 있으며, 과학으론 절대 신을 논박할 수 없으며, 과학과 종교의 믿음은 서로 모순되지 않는다는 가설이다. 과학이 신의 존재를 논리적으로 부정할 수 없다는 데 전적으로 동의한다. 또한 과학과 종교에 대한 두 신념은 상반된 것이 아니라 일관된 것이라는 데에도 동의한다. 과학자들 중에는 신을 믿는 사람들도 아주 많으며, 그들이 신을 어떻게 믿는지는 잘 모르겠지만, 대개 매우 전통적인 방식으로 신을 믿고 있을 것이다. 신에 대한 그들의 믿음과 과학 연구를 수행할 때 그들의 태도에는 확실한 일관성이 있다. 하지만 이러한 일관성이 쉽게 얻어지는 것은 아니다. 이제부터 나는 왜 이 일관성을 얻기가 쉽지 않은지, 그리고 그것을 얻기 위해 노력하는 것이 가치 있는 행동인지에 대해 논의해 보고 싶다.

종교를 가진 젊은이가 과학을 공부하면서 겪을 법한 어려움은 두 종류가 있다. 하나는 그가 과학 교육을 통해 의심의 필요성을 배웠고, 의심하는 방법을 배웠고, 의심의 가치를 배웠다는 사실이다. 그래서 그는 모든 것에 대해 의문을 품기 시작한다. 예전이라면 "신은 존재하는가, 존재하지 않는가"라고 던졌던 질문을 이제는 "신이 존재한다는 믿음에 대해 나는 얼마나 확신을 갖고 있는가?"라고 바꾸어 자문하게 된다. 이제 예전과는 다른 새롭고 미묘한 문제에 부딪히게 된 것이다. 한쪽에 신의 존재에 대한 절대적인 확신을 놓고 다른 쪽엔 신의 부재에 대한 절대적 확신을 놓았을 때, 자신의 확신은 그 잣대에서 어디에 위치하는지 결정해야 한다. 이제 더 이상 그는 모든 지식을 절대적으로 확신할 수 없다는 사실을 과학교육을 통해 배웠기 때문이다. 마음을 정해야 한다. 50 대 50 정도일까, 아니면 97 퍼센트 확신할 수 있을까? 아주 작은 차이처럼 들리지만, 이 차이는 무척 미묘하면서도 중요하다.

아마도 이 젊은이가 처음부터 곧바로 신의 존재를 의심하지는 않았을 것이다. 대개 그 믿음 중 어느 세부적인 사실들부터 의심하기 시작한다. 내세에 대한 믿음이 될 수도 있고, 아니면 그리스도의 생애 중어떤 에피소드나 기적 같은 일부분일 수도 있다. 하지만 나는 여기서질문을 가능한 한 단순하면서도 명확하게 만들어 누구나 솔직하게 답할 수 있도록 하려고 한다. 그래서 '과연 신은 존재하는가' 라는 질문에서부터 이 문제에 접근해 보겠다. 이 질문에 답하기 위해 자기 자신의 내면 깊숙한 곳을 파고들어 탐구해 보라. 여러분 중에 어떤 사람은 '거의 확실하게 신은 존재한다' 라는 결론에 도달할 테고, 또 어떤 사람들은 신의 존재에 대한 믿음이 거의 잘못된 것이었다는 사실을 깨닫게 될 수도 있다.

그렇다면 신앙을 가진 젊은이가 과학을 공부하면서 가질 수 있는 두 번째 어려움은 무엇일까? 어떻게 보면 이것은 '과학과 종교 사이에서의 갈등' 이라고 볼 수도 있는데, 두 가지 방식의 서로 다른 체계를 교육받았을 때 흔히 겪게 되는 인간적인 문제이기도 하다. 신학적으로나 수준 높은 철학의 학문적 틀 내에서는 전혀 갈등이 없다고 하더라도, 종교적인 집안에서 자란 평범한 젊은이가 과학을 공부하다 보면 자기 자신이나 주변 친구들과 논쟁을 벌이면서 분명 이런 종류의 갈등을 경험하게 된다.

자, 이 두 번째 종류의 갈등은 교육을 통해 배우게 된 과학적 사실들, 더 정확하게 말하면 구체적이고 지엽적인 사실들과 관련이 있다. 예를 들어, 그는 우주의 크기에 대해 배운다. 우주는 무척 놀라울 정도로 큰데, 그에 비하면 우리가 살고 있는 지구는 태양 주변을 돌고 있는 아주 작은 먼지에 불과하다. 그리고 그 태양은 우리 은하 안에 존재하는 수천억 개의 별들 중 하나이며, 그 은하는 수십억 개의 은하들 중 하나일 뿐이다. 또한 그는 인간과 동물이 우리가 생각한 것보다 훨씬 더 생물학적으로 유사한 구조를 공유하고 있으며, 인간은 '생명의 진화'라는 길고 거대한 전 지구적 드라마의 신참이라는 사실을 배우게 된다. 그렇다면 이 모든 것들이 인간을 창조하기 위한 신의 건축장이자 발판 재료에 불과한 것일까?

게다가 원자들은 모두 불변의 법칙들에 따라 잘 짜맞춰진 것처럼 정교하게 운동한다. 그 어떤 것도 이 법칙을 피해갈 순 없다. 별들과 우리 몸은 같은 물질로 만들어져 있고 동물들도 다르지 않다. 복잡하게 얽힌 원자들의 배열은 그들에게 생명을 불어넣었다. 과연 이것을 어떻게 종교적 원리와 부합되게 설명할 수 있을까?

인간의 존재를 넘어 우주를 관조하는 일은 위대한 모험이다. 우주의 긴 역사에서 대부분 그래 왔듯이(또 지금도 다른 대부분의 장소에서 그렇듯이), '인간이 없는 우주'가 어떤 모습일지 생각해 보는 일은 그 자체로 위대한 도전이다. 이런 객관적인 관점을 마침내 얻게 되면 물질의 신비와 그 장엄함을 충분히 인식한 채 객관적인 눈으로 물질적 존재로서의 인간을 볼 수 있게 된다. 그래서 결국 인간을 포함해 모든 생명을 '가장 심오한 우주적 신비의 일부'로 간주하게 된다면, 그건 정말 소중하면서도 경이로운 경험이 될 것이다. '거대한 우주에 존재하는 원자들의 정체는 도대체 무엇인가'라는 심오한 질문에 끊임없이 답을 찾아내려는 존재가 다름 아닌 인간이라는 '호기심으로 가득 찬 원자 덩어리'라는 사실을 떠올려 보면, 이내 공허함과 환희가 한데 섞인 작은 웃음만이 입가를 스친다. 이런 과학적 사고과정은 결국 경외심과 신비감으로 끝이 나며 불확실한 미궁으로 빠지기 일쑤지만, 이는 너무나 심오하고 감동적인 경험이어서 신이 이 모든 것들을 '선과 악을 향한 인간의 투쟁을 지켜보기 위한 무대'로서 준비했다고 보기엔 너무나 부적절해 보인다.

어떤 이는 내가 방금 묘사한 사고 과정을 종교적 체험이라고 말할지도 모르겠다. 좋다, 원하는 대로 불러도 괜찮다. 방금 말한 것을 그 언어로 이야기하자면, 그 젊은이가 겪은 종교적 체험은 교회에서 흔히 말하는, 소위 종교가 제공하는 체험으로 설명하기엔 턱없이 부적절해 보인다. 교회에서 말하는 신은 충분히 크지 않다. 내 생각엔 그렇다는 말이다. 사람들은 모두 다른 견해를 가지고 있으니까.

만약 이 젊은이가 자신의 기도를 들어줄 신이 존재하지 않는다는 생각을 가지게 되었다고 가정해 보자. 나는 지금 신의 존재를 반증하려는 것이 아니다. 그저 서로 다른 두 관점으로 교육받은 사람들이 겪게 되는 어려움의 근원을 여러분들이 이해할 수 있도록 시도해 보려는 것뿐이다. 내가 아는 한, 신의 존재를 반증한다는 것은 불가능하다. 하지만 서로 다른 방향에서 바라보는 두 상반된 관점을 동시에 수용한다는 것 또한 매우 어려운 일이다. 그래서 이 젊은이가 이 문제에 어려움을 느끼고 그중 하나의 관점인 '자신의 기도를 들어줄 신이 존재하지 않는다'는 결론을 내린다고 가정해 보자. 그럼 어떻게 될까?

그러면 그의 의심하는 대뇌 장치는 의심의 방향을 윤리적인 문제들로 돌리게 된다. 왜냐하면 그가 교육받은 종교적 관점에서 도덕적인 가치들은 모두 신의 말씀에서 비롯된 것인데, 신이 어쩌면 존재하지 않는다면 도덕적인 가치들 또한 잘못된 것일 수 있기 때문이다. 그런데 아주 흥미로운 점은 이런 도덕적인 가치들이 지금까지 거의 손상되지 않은 채로 살아남아 왔다는 사실이다. 종교가 가진 몇몇 도덕적 관점과 윤리적 입장이 잘못된 것처럼 인식되던 시기도 있었지만, 그는 결국 종교적 관점이 제공하는 도덕적인 가치들을 받아들이게 될 것이다.

무신론자인 나와 과학자 동료들을 (모든 과학자들이 다 무신론자는 아니다) 신을 믿는 동료들과 비교해 봤을 때 특별히 다른 행동을 한다고 생각되지는 않는다. 도덕적 감성과 타인에 대한 배려, 인간성과 같은 문제들은 종교인이나 비종교인 모두에게 똑같이 적용되는 것처럼 보인다. 우주가 운행되는 원리와 도덕적 가치관 사이에는 일종의 독립성이 존재한다는 것이다.

실제로 과학은 종교와 관련이 깊은 사상이나 주장에 영향을 미치지만(우주 탄생의 기원이라든가 진화론이 그 예가 될 것이다: 옮긴이), 종교의 도덕적 가치관에 대해서는 거의 영향을 끼치지 못한다고 나는 믿는다. 종교는 다양한 측면을 가지고 있고, 온갖 종류의 질문들에 친절히 답을 해 준다. 그중에서도 종교가 가지는 세 가지 측면을 특별히 강조하고 싶다.

첫째, 종교는 우리에게 세상에 존재하는 것들은 과연 무엇이며 그것들이 어디서 왔는지, 또 인간은 어떤 존재이고 신은 누구인지, 신의 성격은 어떠한지 등에 대해 알려 준다. 이것을 종교의 형이상학적 측면이라고 부르겠다.

두 번째로는, 종교는 우리가 어떻게 행동해야 하는지 알려 준다. 종교적인 의식에 대해 말하는 것이 아니라, 도덕적인 가치관에서 일반적으로 어떻게 행동해야 하는지에 대해 알려 준다는 얘기다. 이를 종교의 도덕적인 측면이라고 부르겠다.

끝으로, 종교는 선한 행동을 하도록 감화inspiration시킨다. 사람들은 나약하다. 옳은 행동을 하기 위해서는 올바른 양심 이상의 무엇이 필요하다. 심지어 무엇을 해야 하는지 정확히 알고 있다고 하더라도, 자신이 하고 싶은 대로 행동하지 못하는 경우가 많다. 그래서 종교의 감화가 필요하다. 종교의 가장 강력한 측면 중 하나가 바로 이런 감화적인 기능이다. 덧붙여 종교는 예술을 포함해 다른 많은 인간 활동에도 감화와 영감을 제공한다.

종교에 대한 이들 세 가지 측면은 서로 매우 밀접하게 연결돼 있다. 가장 먼저 우리는 이런 식으로 얘기할 수 있다. 도덕적 가치는 신의 말씀에서 비롯된다고. 신의 말씀이라고 하는 순간, 종교의 도덕적인 측면과 형이상학적 측면은 서로 연결된다. 이러한 사실은 영감을 불어넣어 주기도 하는데, 신의 뜻에 복종하고 신을 위해 봉사한다면 인간은 어떤 의미에서 우주 전체와 연결돼 있으며 인간의 행동은 더 커다란 세계에서 의미를 가지게 된다. 바로 이것이 감화적인 측면이다. 그러므로 이 세 측면들은 서로 유기적으로 연결돼 있으며 쉽게 통합될 수 있는 것이다. 문제는 과학이 처음 두 측면, 즉 종교의 형이상학적 측면과 도덕적 측면과 가끔 갈등을 일으킨다는 사실이다.

지구가 자전축을 중심으로 회전을 하며 태양 주변을 주기적으로 돌고 있다는 사실이 처음 밝혀졌을 때 큰 논란이 있었다. 당시 종교에 따르면, 그런 상황은 결코 사실일 수 없었으니까. 혹독한 논쟁이 있었고, 결국 종교는 '지구가 우주의 중심이다' 라는 입장으로부터 후퇴해야만 했다. 하지만 그런 입장의 변화 후에도 종교의 도덕적인 가치에는 아무런 변화가 생기지 않았다. 인간이 동물들의 자손이라는 이론이 등장했을 때에도 또 한 번의 무시무시한 논쟁이 있었다. 그러나 대부분의 종교는 '인간을 특별한 지위에 올려놓은' 자신들의 형이상학적 입장에서 다시 한 발 뒤로 물러서야만 했다. 하지만 이번에도 종교의 도덕적 관점에는 별 변화가 없었다. 지구가 태양 주변을 돈다고 해서 (물론 맞는 말이다), 다른 뺨을 내미는 것이 선한 일인지 아닌지 우리에게 알려 주나? 종교의 형이상학적 측면과 과학적 발견 사이에 일어나는 갈등은 '사실'들이 얽혀있어 문제가 더욱 복잡해진다. 이러한 '사실'들은 그 자체만이 아니라 사람들의 심적 태도에도 영향을 미쳐 갈등을 일으킨다. 태양이 지구 주위를 회전하는지, 그 반대인지를 결정하는 문제도 어려운 일이지만, 밝혀진 사실들을 대하는 태도에 대해서도 과학과 종교는 매우 다르다. 자연을 올바르게 인식하기 위해서 반드시 필요한 '불확실성에 대한 인식과 회의적인 사고'는 깊은 신앙심의 필수 요건이라고 할 수 있는 '확고한 믿음'과 양립하기 어려운 측면이 있다. 내 생각으로는 과학자가 깊은 신앙심을 가진 사람들처럼 모든 면에서 확고한 종교적 믿음을 가질 순 없을 것 같다. 어쩌면 그런 사람들도 있겠지만, 글쎄 잘 모르겠다. 정말 어려운 문제다. 하지만 내가 하고 싶은 말은 종교의 형이상학적 측면이 도덕적 가치와 관련이 없으며, 도덕적 가치들은 과학의 영역에서도 크게 벗어나 있는 것처럼 보인다는 것이다. 이 모든 갈등은 종교의 도덕적 가치에 아무런 영향을 주지 않는다.

나는 방금 종교의 도덕적 가치들이 과학의 영역에서 벗어나 있다고 말했다. 이제 그 말을 옹호하는 몇 가지 근거를 대야할 것 같은데, 그 이유는 많은 사람들이 그 반대로 생각하고 있기 때문이다. 사람들은 과학을 통해 도덕적 가치에 대한 결론을 도출할 수 있다고 믿는다. 이렇게 주장하는 데에는 여러 가지 이유가 있다. 결정적인 이유 하나를 찾지 못하는 경우에는 자질구레한 이유 여러 개라도 가지고 있어야 하니까! 그래서 내가 도덕적 가치가 과학의 범주 밖에 있다고 생각하는 네 가지 이유를 여기서 밝히겠다.

첫째, 앞서 기술한 대로, 과거에 종교의 형이상학적 입장과 과학적 사실 사이에 갈등이 몇 차례 존재했지만, 종교의 형이상학적 입장이 변한 후에도 도덕적 관점에는 아무런 변화가 없었다. 이것은 그 둘이 독립적이라는 사실에 하나의 근거를 제공한다.

둘째로, 최소한 기독교적인 윤리를 실천하는 선한 사람들 중에 그리스도의 신성神性을 믿지 않는 이들이 있다는 걸 지적하고 싶다. 아, 그런데 내가 종교에 대해 언급할 때 아주 편협한 관점을 취할 거라는 말을 미리 했어야 했는데 그걸 깜빡 잊었다. 여기 계신 분들 중에도 기독교가 아닌 다른 종교를 가지고 있는 분들이 많을 거라고 생각된다. 하지만 이처럼 폭넓은 주제를 다룰 때에는 구체적인 예를 드는 편이 나을 것 같아 기독교를 예로 들어 설명하고 있다. 여러분이 무슬림이거나 불교도거나 혹은 여타 다른 종교를 가지고 있다면, 내 말을 그에 맞게 번역한 다음 어떤지 살펴보면 되겠다.

셋째는, 내가 아는 한, 과학적인 증거를 전부 모아도 황금률(마태복음 7:12, 누가복음 6:31의 교훈, 흔히 '남에게 대접을 받고자 하는 대로 너희도 남을 대접하라.' 로 요약됨: 옮긴이)이 옳은지 그른지에 관해 알려 주는 근거는 전혀 없다는 사실이다. 과학적 연구에 기초해서 어떤 문제에 대한 '도덕적 근거'를 제시할 수는 없다는 말이다.

마지막으로, 좀 철학적인 논거를 펼쳐 보려고 한다. 이건 내가 잘 못하는 것이긴 하지만, 과학과 도덕적 가치가 왜 이론상 서로 독립적인가에 대해 약간의 철학적 논증을 해 보고 싶다. 보통 인간이 살면서 겪게 되는 중요한 문제들은 대부분 "내가 이걸 해야 할까?" 와 같은 문제이다. 행동에 대한 선택의 문제인 것이다. "무엇을 해야 할까? 이걸 해야 할까?"와 같은 질문에 어떻게 대답할 수 있을까? 이런 질문은 두 부분으로 나누어 생각해 보면 편리하다. 하나는 "이걸 하면 어떤 일이 일어날까?" 하는 부분인데, 그것만으로는 그 행동을 해야 할지 말아야 할지 결정할 수가 없다. 그래서 두 번째 부분으로 넘어가게 되는데 그건 바로 "자, 나는 이런 상황이 벌어지길 원하고 있는가?"하는 문제다. "이걸 하면 어떤 일이 일어날까?" 하는 첫 번째 부분은 과학적 연구의 대상이 된다. 사실 이 문제는 전형적인 과학적 질문이다. 그렇다고 어떤 일이 벌어질지 정확히 알 수 있다는 뜻은 아니다. 오히려 그것과는 거리가 멀다. 우리는 미래에 무슨 일이 벌어질지 결코 정확히 알지 못한다. 과학은 아직 무척이나 초보적인 단계에 와 있다. 그렇지만 최소한 첫 번째 부분은 과학의 영역에 있기 때문에 우리는 그 문제를 다룰 방법을 가지고 있다. 바로 "시도해 보고 결과를 보라." 그리고 "정보를 수집해라." 등인데, 이 문제에 대해서는 이미 지난 시간에 얘기를 했다. "만약 이걸 하면 어떤 일이 일어날까?" 하는 문제는 전형적인 과학적 질문인 반면, 그 다음 질문인 "나는 이 일이 일어나길 원하는가?" 하는 문제는 매우 중요한 문제임에도 불구하고, 과학으로 답할 수 없는 질문이다. 음, 여러분은 만약 어떤 행동을 하면 모든 사람이 죽게 된다는 사실을 알고, '물론 난 그런 상황을 원하지 않아'라고 말할지 모른다. 하지만 사람들이 죽는 것을 당신이 원치 않는다는 사실을 어떻게 과학으로 밝혀 낼 수 있을까? 그건 불가능한 일이다. 이처럼 최종적인 판단은 결국 과학을 벗어나 당신의 몫이 된다.

다른 예를 들겠다. "이 경제 정책을 따른다면 불경기가 발생하게 될 걸 나는 알아. 물론 불경기가 발생하는 걸 원하는 사람은 아무도 없지. 나 또한 마찬가지이고."라고 말할 수 있다. 잠깐만! 불경기가 발생할 거란 사실을 안다고 해서 그것을 원하지 않는다는 결론에 곧바로 도달할 순 없다. 이 문제는 그렇게 간단한 것이 아니다. 우리는 국가가 이 방향으로 나아가는 것이 장기적으로 옳다고 생각하는가에 대한 믿음, 불경기로 인해 고통받는 사람들이 존재하더라도 그 희생에 비해 더 많은 것을 얻을 수 있는지에 대한 고려, 내가 국가 경제에 영향력을 행사할 수 있다는 자존감 등 여러 가지 측면을 함께 고려해 판단해야 한다. 하나의 경제 정책은 그로 인해 이득을 얻는 사람과 고통받는 사람을 함께 만들어 내기 마련이다. 그래서 결국 어떤 것이 더 중요한지 총체적으로 고려해서 궁극적인 판단을 내려야만 한다. 어떤 현상이 발생할 것인지에 대한 논증을 계속 따라가다 보면, 끝에 가선 "난 이걸 원해" 혹은 "아니, 그건 원하지 않아" 중 하나의 결정을 내려야 하는 순간이 찾아온다. 이 질문은 과학적인 질문과는 매우 다른 종류의 것이다. 어떤 일이 일어날지 안다는 것만으로, 다시 말해 첫 번째 질문을 따라가다 보면 결국 얻게 될 최종 결과들을 안다는 것만으로 결국 그것을 원하게 될지 아닐지는 알 수 없다. 그래서 나는 과학적인 방법만으론 도덕적 가치문제에 대해 아무런 해답을 제시할 수 없다고, 그래서 그 둘은 서로 독립적이라고 믿는 것이다.

이제 종교의 세 번째 특징인 감화적인 측면으로 관심을 돌려 보고 싶다. 이 문제에 대해선 나도 답이 없기 때문에 여러분 모두에게 물어보려고 한다. 종교로부터 오는 의지력이나 안정감과 같이, 오늘날 우리를 감화시켜 주는 종교적 원동력들은 종교의 형이상학적 측면들과 밀접하게 연관돼 있다. 감화는 신을 위해 일하고 그의 의지에 순종하는 것으로부터 나온다. 그런데 이런 식으로 표현되는 감정적인 유대감이

나 당신이 무언가 옳은 일을 하고 있다는 확신은 신의 존재에 대한 아주 작은 의심만으로도 약해질 수 있다. 따라서 신에 대한 믿음이 불확실해지면 때론 그런 감화를 얻는 데 실패하게 된다. 형이상학적인 측면에 대해서는 종교적 입장보다는 과학적 입장을 받아들이면서, 동시에 대부분의 사람들에게 불의와 싸울 용기를 불어넣어 주는 종교의 감화적 기능을 유지하는 것은 정말 어려운 문제다. 이것이 가능한지 나도 잘 모르겠다. 어쩌면 여러분은 과학과 결코 모순되지 않는 방식으로 '종교의 형이상학적 입장을 반영한 우주'를 발견하는 것이 가능하다고 생각할지 모른다. 하지만 과학과 같이 모험적이며 미지의 세계를 향해 끝없이 발전하는 분야에서 미리 질문에 대한 정답을 정해 놓고, 오랜 시간이 흘러도(혹은 무슨 일이 벌어지든 간에) 우리의 답들 중 일부가 틀렸다는 사실에 직면하지 않게 되리라고 생각하는 것은 명백한 오류이다. 따라서 형이상학적인 측면에 대해 종교가 절대적인 신뢰를 요구한다면, 과학과 갈등이 생기는 건 피할 수 없다. 종교 자체에 대한 의심에도 불구하고 감화를 주는 종교의 실제적 가치를 유지해 나간다는 것도 나는 가능할 것 같지 않다. 이건 정말이지 심각한 문제이다.

서구 문명은 두 가지 위대한 유산 위에 건설되었다. 하나는 과학적 정신으로서의 모험이다. 이는 진리를 향해 '미지의 세계'를 탐험하는 모험이며 우주에 대해 답할 수 없는 미스터리들은 답하지 않은 채로 남겨두도록 요구하는, '모든 것이 불확실하다'는 의심하는 태도이기도 하다. '인간 지성에 대한 겸허함'이라고 표현해도 좋을 듯 싶다. 다른 위대한 유산은 기독교적 윤리인데, 여기에는 사랑의 실천, 모든 인류를 향한 형제애, 개인의 인간적 가치 등이 포함된다. 이는 '영적인 겸허함'이라고 부를 수 있다.

이 두 유산은 논리적으로 완전하게 일관성을 가진다. 하지만 논리가 전부는 아니다. 어떤 생각을 좇으려면 마음이 따라가야 하니까. 사람들이 종교로 다시 돌아간다면 그들은 무엇을 향해 가는 걸까? 현대 교회는 신을 의심하는 사람들에게 안식을 주는 장소인가? 더 나아가 신을 불신하는 사람에게도? 아니면 현대 교회는 그런 의심의 가치를 인정하고 의심하는 사람들에게 마음의 안식을 주며 장려해 주는 곳인가? 서구 문명을 지탱해 온 두 거대한 유산이 서로 일관성을 가지고 있음에도 불구하고, 지금까지 우리는 그중 하나를 유지하기 위해 필요한 힘과 안식을 다른 유산의 가치를 공격하는 데서 얻어 오지 않았던가? 이제는 이런 불행한 역사를 피할 순 없을까? 서구 문명의 두 기둥이 모두 생동력 있게, 서로에 대한 두려움 없이 함께 설 수 있도록 도와줄 수 있는 감화는 어디서 얻을 수 있을까? 이 문제들에 대한 답은 나도 잘 모르겠다. 하지만 오랫동안 인간의 도덕적 규범의 근원이었으며 그 규범을 따르도록 감화를 주었던 종교를 위해, 그리고 종교와 과학과의 관계를 위해, 내가 말할 수 있는 최선은 이 정도인 것 같다.

늘 그래 왔듯이, 우리는 요즘도 국가 간의 충돌을 경험한다. 특히 소련과 미국이라는 두 강대국이 심각한 갈등을 겪고 있다(이 강연이 진행되던 1960년대는 미국과 소련이 심각한 냉전 상황에 놓여 있던 시절이었다: 옮긴이). 나는 우리가 도덕적 가치에 대해 확신하지 못한다고 주장하고 싶다. 사람들마다 무엇이 옳고 그른지에 대한 생각이 서로 다르다. 만약 우리가 서로 옳다고 믿는 것들이 실상 불확실한 것이라면 이 갈등 사이에서 우리는 어떤 선택을 해야 할까? 이 갈등은 어디에서 기원하는 것일까? 시장 경쟁을 통한 자본주의와 정부의 규제를 통한 사회주의 중 어느 체제가 옳은가 하는 문제가 과연 확고하고 자명한 답을 가진 문제일까? 우리는 이 문제에 있어서도 불확실하다는 경계를 유지해야 한다. 어쩌면 자본주의가 정부 규제를 통한 경제 관리보다 더 효율적이라는 데 거의 확신할 수도 있겠지만, 우리의 정부 또한 규제를 하긴 한다. 엄밀히 말하면, 52퍼센트만큼 규제를 한다. 이 수치는 법인에 대한 소득세 규제를 근거로 말하는 것이다.

흔히 미국을 상징하는 한쪽에 종교, 소련을 표현하는 반대편에 무신론을 놓고, 이분적으로 갈라놓은 상태에서 논쟁을 벌인다. 하지만 서로 다른 두 개의 관점이 있을 뿐 올바른 결정을 내릴 기준은 없다. 인간과 국가는 어떤 가치를 안고 있는가, 국가를 위협하는 범죄를 어떻게 다루어야 할 것인가 같은 문제들 역시 중요한 문제들이고 여러 해답들이 존재하겠지만 그들 역시 그저 불확실한 상태로 놓아둘 수밖에 없다. 실제로 갈등이 있긴 한 걸까? 아마도 통제적인 독재정부는 좀 더 혼란스런 민주주의 쪽으로, 또 혼란스런 민주주의는 좀 더 통제적인 독재정부 쪽을 향해 어느 정도 절충하며 진보하고 있는 것 같다. 불확실하다는 것을 인정하는 순간 자연히 갈등은 없어진다. 이 얼마나 좋은가! 하지만 나는 이런 상황이 올 거라고 믿지 않는다. 갈등은 항상 존재한다. 사회적인 문제에 대한 해결책으로 '모든 개인적인 노력은 국가를 위한 것이어야 한다' 고 소련이 말하는 바로 그 순간, 갈등의 위험이 꿈틀거리기 시작한다. 인간이라는 존재가 가지고 있는 잠재력과 다양성, 심각한 사회 문제들에 대한 새로운 해결책, 새로운 관점에 대한 열린 태도 등 이 모든 소중한 것들이 바로 그 순간 소련이 국가적으로 제시한 해결책과 충돌하게 되기 때문이다.

미국 정부는 '정부를 만들 줄 알거나 어떻게 통치해야 하는지 아는 사람이 아무도 없다' 는 가정 하에 만들어진 시스템이다. 다시 말해 통치를 어떻게 하면 되는지 잘 모르는 상태에서도 통치를 할 수 있는 시스템인 것이다. 그러기 위해서는 한쪽에선 새로운 아이디어들이 끊임없이 시도되고 무용지물로 판명 난 아이디어들은 다른 쪽에서 계속 폐기되도록 허락받은 시스템이어야 한다. 현재 우리가 발명해 낸 '미국 정부'는 바로 그런 시스템이다. 미국 헌법을 기초한 사람들은 '의심의 가치'에 대해 잘 알고 있었다. 그들이 살던 시절에도 불확실성에 대한 인정을 통해 가능성과 잠재력, 새로운 생각에 대한 열린 태도의 가치를 존중할 만큼 과학은 이미 충분히 발전해 있었다. 우리의 과학이 불확실하다고 믿는다는 것은 언젠가 다른 방법이 가능하리라는 것을 인정한다는 의미다. 그렇게 가능성을 열어두면 언젠가 새로운 기회를 제공받게 된다. 의심과 토론은 진보를 위한 필수조건이다. 그런 관점에서 보면, 미국 정부는 매우 혁신적이고 현대적이며 과학적인 시스템이다. 모든 게 썩었다는 것도 사실이지만 말이다. 상원의원들은 그들의 주에 댐을 건설하겠다며 환심성 공약으로 표를 사고, 토론은 감정적인 싸움판이 되기 일쑤이며, 전 방위적인 로비는 소수 의견이 받아들여질 기회를 앗아가지만 말이다. 이처럼 심각한 문제들을 안고 있긴 해도, 나는 미국 정부가(영국 정부를 제외하고는) 현재 지구상에 있는 정부들 중 가장 만족스러우며 가장 현대적인 시스템이라고 생각한다. 그다지 좋은 정부라는 생각은 안 들지만.

소련은 퇴보하는 국가다. 아, 분명히 '기술적으로는' 앞서 있다. 지난 강연에서 과학과 기술의 차이점에 대해 묘사한 적이 있었는데, 불행히도 새로운 아이디어를 억압하는 시스템 하에서도 기술적 진보는 방해받지 않는 것 같다. 히틀러의 시대에도 새로운 과학은 발전하지 못했지만 로켓은 만들어졌으며, 소련에서도 마찬가지다. 유감스럽게도, 과학의 응용이라 할 수 있는 기술의 발달은 자유가 없어도 진행될 수 있는 게 사실인 것 같다. 내가 소련을 '퇴보하는 국가'라고 단언한 이유는 그들이 정부의 권력에 한계가 있다는 사실을 아직 배우지 못했기 때문이다. 정부의 권력에 한계가 있다는 사실은 앵글로-색슨의 위대한 발견이다. 물론 그들이 그걸 처음 생각했던 것은 아니지만, 그들은 기나긴 투쟁의 역사 속에서 그것을 쟁취했다. 소련에선 사상에 대한 자유로운 비판이 허용되지 않는다. "아니에요. 그 사람들도 스탈린주의를 비판하는 얘기를 주고받던데요."라고 반문할 수도 있겠지만, 그것도 어느 정도만, 일정한 형태로만 가능하다. 우리는 이 사실을 잘 이용해야 한다. 우리도 이 자리에서 반스탈린주의를 논해 보면 어떨까? 스탈린 때문에 우리가 얼마나 힘들었는지 조목조목 따져 보면 어떨까? 소련 정부가 직면하게 될 위험이 어떤 것들이 될지 얘기해 볼까? 소련 내부에서 현재 비판하고 있는 스탈린주의의 모순과 현재 그들 사회에서 실제로 벌어지고 있는 행태들 사이에 유사점은 없는지 지적해 볼까? 음, 그래, 그래, 이제 됐어, 됐어….

자, 나도 잠시 흥분했었다. 지금 보았듯이 이건 순전히 감정적인 문제이다. 이 문제는 좀 더 과학적인 방식으로 다뤄야지, 이런 식으로 다뤄서는 안 된다. 내가 굉장히 합리적이고, 과학적 논증을 하듯 '선입견 없는 태도'로 이 문제를 대하기 전까지 여러분은 내 말에 별 확신을 가지지 못할 테니까.

나는 생각에 대한 자유로운 비판이 통제된 국가에서 오래 살아보진 않았다. 몇 안 되는 경험 중 하나가 작년에 폴란드를 방문했던 것인데, 그곳에서 재미있는 현상을 발견했다. 폴란드 사람들은 자유를 매우 사랑하지만, 안타깝게도 소련의 영향권 안에 있다. 내가 머물던 작년만 해도, 폴란드 사람들은 다양한 사상에 대해 마음껏 토론하고 의견을 교류하는 데 아무런 문제가 없었지만, 신기하게도 그것을 책으로 출판할 수는 없었다. 그래서 우리들은 자주 공공장소에 모여 심각한 사회적 문제들을 다양한 측면에서 아주 활발하게 '토론'만 하곤 했다.

폴란드에서 느꼈던 놀라운 점 중 하나는 그들이 독일로 인해 겪은 '결코 잊을 수 없는, 무시무시하고 끔찍한 경험'에 대한 악몽을 아직도 뿌리 깊이 간직하고 있다는 사실이다. 외교 활동에 있어서도 그들은 모든 문제들을 '독일로부터의 악몽'이 부활하는 데에 대한 공포와 연결지어 생각했다. 그래서 나는 그곳에 머무는 동안 자유국가들의 정치적 판단으로 인해 폴란드에 다시 그런 희생이 발생하는 것을 용납한다면, 그것은 돌이킬 수 없는 끔찍한 불행이 될 것임이 틀림없다고 생각했다. 바로 이런 아픈 기억 때문에 그들은 소련을 수용했다. 그들은 소련이 동독을 확실히 틀어잡고 있으며 그 덕분에 결코 동독에는 나치가 득세할 수 없다는 사실을 내게 일러 주었다. 또 소련은 그런 규제를 매우 잘한다. 그러니까 폴란드에게 있어 소련은 일종의 완충 장치 같은 거다. 한 국가가 다른 국가를 완전히 지배하거나 그곳에 머물러 통치하지 않으면서도 보호를 해 주고 안전을 보장할 수 있다는 사실이 내게는 매우 신기하게 보였다. 이 사실을 폴란드 인들도 충분히 인식하진 못 하는 듯 보였다.

몇몇 사람들은 나를 불러 슬쩍 이런 얘기도 해 주었다. 만약 폴란드가 소련으로부터 독립해 그들만의 정부를 가지게 된다고 하더라도 지금의 생활방식은 크게 달라지지 않을 거라는 것이었다. "그게 무슨 말이에요? 놀라운데요. 언론의 자유를 여전히 포기할 거란 말인가요?" 라고 내가 물었다. "아, 아니죠. 그런 자유는 아마 다 갖게 될 겁니다. 그런 자유는 있으면 정말 좋은 것이니까요. 하지만 산업체는 여전히 국유화될 것이에요. 우리들은 사회주의적 사상을 더 선호하거든요." 나는 이 문제를 사회주의와 자본주의 간의 문제로 보지 않았기 때문에 이 말을 듣고 무척 놀랐다. 나는 이 문제를 '사상의 자유 대 사상의 억압' 문제로 본다. 만약 사상의 자유가 사회주의보다 나은 거라면 어떻게든 더 나은 것이 지배하는 세상이 올 것이다. 그러면 모두에게 좀 더 좋은 상황이 되겠지. 만약 자본주의가 사회주의보다 나은 것이라면 자본주의가 서서히 확장될 것이다. 우린 지금 52퍼센트에 와 있다.

소련이란 나라가 자유롭지 않다는 사실은 명백한데, 그 결과가 과학 분야에서도 분명하게 나타나고 있다. 생물의 후천적 특성이 다음 세대로 전해진다는 유전학 이론을 만든 리센코T. D. Lysenko (1898~1976, 소련의 농학자)가 그 좋은 예이다. 생물의 후천적 특성이 다음 세대로 전해진다는 그의 주장은 아마도 사실일 것이다. 유전적 영향 중 대부분은 의심의 여지없이 세포질에 의해 운반되며 생물학적 특성들이 세포질을 통해 다음 세대로 직접 전달되는 예를 우리는 몇 가지 알고 있다. 하지만 중요한 것은 전 세대에서 다음 세대로 유전이 이루어지는 방식이 리센코가 제안했던 방식과는 전혀 다른 방식으로 일어난다는 사실이다(리센코의 유전학은 소련의 사회주의 국가이념에 잘 부합된다고 판단해, 소련은 국가적으로 이 이론을 생물학자들에게 장려하고 일반인들에게 교육하기도 했었다: 옮긴이). 그렇게 해서 그는 소련의 생물학을 완전히 망쳐 놓았다. 유전학을 창시하고 유전 법칙을 발견한 위대한 '멘델의 정신'을 죽여 버리고 만 것이다(그레고르 멘델Gregor J. Mendel, 1822~1884, 오스트리아의 유전학자: 옮긴이). 소련에서는 행동 유전학 연구를 할 때 반드시 리센코의 이론을 따라야 했으며 자유로운 분석이 허용되지 않았기에 결국 유전학은 이제 서방 국가에서만 연구하는 지경에 이르렀다. 그들은 끊임없이 우리의 결과와 반대되는 주장을 하면서 소모적인 논쟁을 할 수밖에 없게 되어 버렸다.

이 결과는 자못 흥미롭다. 러시아에서 생물학이란 분야 자체가 사라져 버린 것이다. 잘 알다시피 이 분야는 요즘 서구 세계에서 가장 활발히 연구되고 있고 가장 흥미로우며 가장 빠르게 발전하는 과학 분야이다. 하지만 소련의 생물학에선 더 이상 아무런 발견도 찾아볼 수 없다. 경제적인 효율성 측면에서 봤을 때, 이런 정치적 이유로 오랫동안 생물학이 발전하지 못하고 있다는 사실이 당신은 도저히 이해되지 않을 것이다. 그럼에도 불구하고, 유전학 분야의 잘못된 이론은 소련의 농업을 뒤처지게 만들었다. 소련 사람들은 교배를 통해 우수한 옥수수 종을 제대로 만들어 낼 줄 모른다. 어떻게 하면 더 품질 좋은 감자를 만들어 낼 수 있는지 전혀 알지 못한다. 아마도 예전엔 그렇지 않았을 것이다. 왜냐하면 리센코 이전엔 소련이 전 세계에서 가장 좋은 옥수수밭과 옥수수 품종을 가지고 있었기 때문이다. 하지만 지금에 와선 하나도 남아 있지 않다. 그들은 그저 서구 세계와 이론적 논쟁을 벌이고 있을 뿐이다.

물리학 분야에서도 심각한 문제가 있던 시기가 있었다. 요즘 들어서는 소련 물리학자들에게도 학문적 자유가 주어졌지만, 아직 백퍼센트 완벽한 자유가 주어진 것은 아니다. 소련 물리학 분야에는 서로 다른 사상을 가진, 그래서 학문적인 논쟁을 자주 벌이는 학파들이 있었다. 전에 한번 폴란드에서 그들 모두와 함께 학회를 한 적이 있었다. 소련의 외국인 관광국과 유사한, 폴란드의 폴로비스Polorbis라는 외국인 관광국에서 이 회의를 위해 여행 업무를 진행하고 있었다. 호텔의 방 수가 제한돼 있었기 때문에 우리는 여럿이 한 방을 써야만 하는 상황이 되었는데, 외국인 관광국이 서로 다른 학파의 소련 물리학자들을 같은 방에 배정하는 실수를 저지르고 만 것이다. 결국 그들은 관광국으로 내려와서 "난 17년 동안 저 사람과 단 한 번도 말하지 않았어. 저 사람과는 같은 방을 쓰지 않겠어!"라며 소리를 지르는 상황이 벌어진 것이다.

물리학에는 두 부류가 있다. 하나는 좋은 편이고 다른 하나는 나쁜 편이다. 이것은 매우 명백하며 그래서 흥미로운 현상이다. 소련에도 위대한 물리학자들이 있지만 물리학은 서구 세계에서 훨씬 더 빨리 발전하고 있다. 한때 소련에서도 어떤 위대한 발견이 일어날 것처럼 보이기도 했지만 실제로 그런 일은 벌어지지 않았다. 이렇게 말한다고 해서 소련의 기술이 발전하지 않았다든지 그들의 기술이 한참 뒤쳐져 있다는 의미는 아니다. 나는 이렇게 사상이 통제된 국가에선 아이디어가 발전할 수 없다는 것을 말하고 싶은 것뿐이다.

현대 미술의 최근 동향에 대해 잘 알고 있는가? 폴란드에 있을 때 후미진 거리의 작은 모퉁이에 현대 미술 작품이 걸려 있는 것을 보곤 했다. 소련에서도 현대 미술이 태동하고 있었다. 나는 현대 미술의 가치가 정확히 무엇인지 잘 모른다. 하지만 흐루시초프Nikita Sergeevich

Khrushchev (1894~1971, 스탈린 사후 공산당 지도자, 정치가)가 이곳을 방문해 현대 미술 작품을 감상하면서 "수탕나귀가 꼬리로 그려 놓은 것 같네."라고 경박하게 말했다는 얘기를 들었다. 내가 하고 싶은 얘기는, 한 나라의 지도자라면 그런 정도 수준이 되어선 안 된다는 것이다.

이 문제를 좀 더 현실적으로 바라보기 위해 미국과 이탈리아를 방문한 뒤 소련으로 돌아가 자신이 서방세계에서 본 것들에 대해 책을 펴낸 나크로소프Nakhrosov 씨에 대해 얘기해 보겠다. 그는 이 책으로 인해 소련에서 엄청난 비판을 받은 적이 있는데, 비판 내용을 인용하자면 그의 글은 "부르주아적 객관주의를 향한 50대 50 접근법"이라는 것이었다. 소련은 과연 과학적인 나라일까? 왜 한때 우리는 소련이 과학적인 나라라고 생각했었던 것일까? 그들이 지금은 혁명을 이뤄낸 초기와는 많이 달라졌기 때문에 이런 말도 안 되는 코멘트가 가능한 걸까? 그들은 50대 50 접근법을 채택하지 않기 위해 비과학적으로 남겠다는 모양이다. 세상을 자신의 뜻대로 바꾸기 위해 세상을 제대로 이해하려는 노력을 포기하려는 모양이다. 무식함을 유지하기 위해 장님으로 남아있겠다고 작정한 것 같다.

나크로소프 씨에 대한 소련 내 비판에 대해 더 얘기하고 싶어 못 참겠다. 사실 그 혹평을 쓴 사람은 우크라이나 공산당의 첫 번째 서기관인 파드고브니Padgovney였다. 그는 다음과 같이 말했다.

"당신은 이곳에서 우리들에게 당신이 스탈린그라드의 참호에서 싸웠던 이유처럼 위대하면서도 생동감 넘치는 '진정한 진실'만을 책에 적겠다고 얘기했소. 당신이 실제로도 그랬다면 좋았을 것이오. 우리 모두는 당신에게 그렇게 쓸 것을 충고하겠소. (나 역시 그가 그러길 바란다!: 파인만) 그러나 불행하게도 당신이 쓴 글과 당신이 던진 아이디어에는 별 볼일 없는 부르주아 무정부주의자의 냄새가 물씬 풍겨난단 말이오. 우리 당과 우리 동지들은 이를 용서치 않을 것이오. 나크로소프 동지, 당신은 이 문제를 아주 심각하게 다시 고려해 보는 게 좋을 것이오."

그는 이 말을 하기 전에 회의 중이었고 어떤 사람과 이야기를 마친 직후였다. 그가 어떤 대화를 나누었는지에 대해서는 책에 담겨 있지 않기 때문에 알 수 없다. 하지만 그가 했던 나크로소프에 대한 비판은 책 안에 고스란히 담겨 있다.

당신은 이 문제를 아주 심각하게 다시 고려해 보는 게 좋을 거라고? 이 불쌍한 사람이 어떻게 그 문제를 다시 심각하게 고려해 볼 수 있겠는가? 그 누가 별 볼일 없는 부르주아 무정부주의자라는 지적을 심각하게 고려해 볼 수 있단 말인가? 여러분은 '부르주아 무정부주의자'가 어떤 사람인지 상상이 가는가? 그러면서 동시에 별 볼일 없는 사람을?

정말 우스꽝스런 문제가 아닐 수 없다. 그래서 나는 우리 모두가 파드 고브니 씨 같은 사람을 비웃으며 놀릴 수 있고, 또 동시에 나크로소프 씨에겐 어떤 방식으로든 그의 용기에 감탄하며 존경을 표할 수 있게 되길 바란다. 왜냐하면 우린 지금 인류의 역사에 있어 겨우 시작 부분에 살고 있기 때문이다. 과거 수천 년의 시간이 흘렀지만 우리에겐 앞으로 남아있는 시간이 훨씬 더 많다. 온갖 종류의 기회들이 있고 온갖 종류의 위험 또한 도사리고 있다. 한때 인간은 아이디어 내기를 멈춤으로써 침체 기로에 빠져있던 시절이 있었다. 오랜 기간 동안 생각이 꽉 막혀 오도 가도 못하고 있기도 했었다. 앞으로는 이를 용서치 않을 것이다. 나는 미래의 세대가 끊임없이 의심하고 새로운 생각과 새로운 방식을 찾기 위해 쉼 없는 모험을 떠나는 자유를 갖게 되길 바란다.

왜 우리는 문제들을 해치워 버리려고 노력하는 걸까? 문제를 해결할 수 있는 시간이 충분히 남아있는데 말이다. 이제 겨우 시작일 뿐이다. 우리가 실수를 범하게 될 유일한 가능성은 성급한 혈기로 '정답을 알고 있다'고 쉽게 결정해 버리는 경우뿐이다. 그러면 그걸로 끝난다. 다른 방법을 생각해 낼 수 없다. 그것으로 길이 막혀버리는 것이다. 인류의 거대한 역사를 이 시대 인간들의 편협한 상상력 안으로 가두어 버리고 마는 것이다.

우리는 그리 똑똑하지 못하다. 우리는 멍청하다. 우리는 무지하다.

그래서 우리는 항상 새로운 가능성을 향해 열려 있는 통로를 가지고 있어야 한다. 나는 '정부의 힘'을 제한해야 한다고 믿는다. 정부의 간섭은 여러 측면에서 제한되어야 하는데, 내가 지금 강조하는 것은 '지적인 문제'에 있어서 특히 그렇다는 것이다. 이 자리에서 모든 것을 한꺼번에 논할 수는 없다. 작은 부분만, 바로 '지적인 면'만 먼저 보자는 것이다.

어떤 정부도 과학적 원리의 진위여부를 판단할 권리를 가지고 있지 않으며, 어떤 문제를 연구할 것인가에 대해서도 정부는 간섭해선 안 된다. 정부는 예술적 창조물의 미적 가치를 단정해서도 안 되며, 문학을 포함한 모든 예술적 표현 양식에 대해서도 규제해선 안 된다. 또 경제적, 역사적, 종교적, 철학적 이론에 대한 타당성에 대해서도 정부가 판단해선 안 된다. 대신 정부는 국민들이 이 모든 것들에 대한 자유를 계속 누릴 수 있도록 노력하고, 우리 모두가 인류의 그칠 줄 모르는 지적 모험과 발전에 기여할 수 있도록 노력할 '의무'만이 있다.

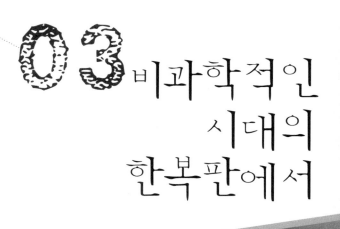

03 비과학적인 시대의 한복판에서

THE MEANING OF IT ALL

존 댄스 강연회에 처음 초청 받았을 때, 나는 세 번의 강연을 하게 될 거란 말에 매우 기뻤다(과학자의 초청 강연은 1시간 안팎의 일회성 강연이 대부분이다: 옮긴이). 과학과 종교, 사회에 대해 내가 평소 하고 싶었던 얘기를 간단히 소개하지 않고, 심사숙고해서 세 번의 강연에 걸쳐 천천히 조심스럽게 일반인들에게 전할 수 있는 절호의 기회였기 때문이다. 결국 생각을 천천히 조심스럽게 발전시켜 나가는 데에는 성공했는데, 지난 두 번의 강연을 통해 나는 벌써 하고 싶었던 얘기를 거의 다 해 버리고 말았다.

생각들 중에서 잘 정돈된 내용들은 앞의 두 강연에서 이미 다 전했으니 남은 게 별로 없긴 하지만, 그렇다고 내가 세상에 대해 갖고 있는 많은 불편한 감정들을 속 시원하게 다 쏟아 낸 것은 아니다. 이제 남은 것들은 분명하고 논리적이며 이치에 맞는 형태로 정리하기 힘든 것들뿐이리라. 하지만 이미 이번 강연회는 세 번의 연속된 강연 형태로 약속한 것이니 나는 오늘 강연에서 이 정돈되지 않은, 다소 불편한 감정들을 잡탕처럼 쏟아내야 할 것 같다.

어쩌면 언젠가는 이 모든 것들을 관통하는 근본적인 원인을 발견하고 잘 정돈된 형태로 세 강연을 정리할 수 있을지도 모르겠다. 그렇게 된다면 매우 다행스런 일이겠지. 그러나 그렇지 않더라도 오늘 강연은 나름의 의미를 가질 수 있다. 만약 여러분이 지난 두 번의 강연을 통해 나의 주장들이 그럴듯하다고 받아들였다면, 그런데 그 이유가 나의 아이디어를 냉철하게 생각해 보고 스스로 판단해서가 아니라, 내가 과학자이기 때문에, 혹은 저자 소개에 나온 나의 수상 이력 때문이라면 – 다시 말해 여러분이 권위에 대한 호감으로 내 주장을 받아들이려 한다면 – 오늘 밤은 그걸 없애 드리는 뜻 깊은 시간이 될 것이다. 오늘 강연을 '나 같은 노벨상 수상자도 해괴한 논리로 황당한 주장을 할 수 있다'는 사실을 보여 드리는 데 기꺼이 바치려 한다. 그렇게 해서 권위에 대한 허상이 걷힐 수 있다면, 그것만으로도 오늘 강연은 의미 있는 시간이 되리라.

토요일 밤은 원래 사람들의 마음을 편안하고 여유롭게 해 주어서 그런지, 오늘은 시작부터 분위기가 잘 잡힌 것 같다. 강연을 곧바로 시작해 보자. 원래 이런 강연은 제목을 어떻게 다느냐도 매우 중요한데, 아무도 믿지 않는 내용을 제목으로 붙이면 더 주목을 받는다. 특이하다든지, 사람들의 기대와 정반대로 제목을 만듦으로써 흥미를 자극하는 거다. 그래서 나는 이번 강연의 제목을 "비과학적인 시대의 한복판에서"라고 붙여 보았다.

여기서 '과학적'이라는 의미를 기술로서의 과학, 즉 과학의 현실적 응용이란 의미로 사용한다면, 이 시대는 의심의 여지없이 '과학적인 시대'다. 다양한 분야에 과학이 적용되고 있고, 그로 인해 과학기술이 가져다 줄 혜택과 위험으로부터 우리 모두가 결코 벗어날 수 없다는 점에서 이 시대는 분명 '과학의 시대'다. 또 과학적 발견이 엄청난 속도로 쏟아지고 있고, 사상 유례없는 과학적 진보가 이루어지고 있다는 점에서도 이 시대는 틀림없이 '과학의 시대'다.

과학이 발전하는 속도는 지난 200년 동안 꾸준히 빨라져 왔으며 지금은 그 속도의 정점에 도달해 있다. 특히 생물학 분야에서 우리는 무척 주목할 만한 발견을 하게 될 찰나에 와 있다. 그 발견이 구체적으로 무엇이 될지에 대해서는 나도 정확히 알지 못한다. 그렇기 때문에 더욱 흥미로운 것이겠지만 말이다. 돌멩이를 하나씩 걷어 낼수록 그 밑에서 놀랍도록 새로운 것들을 하나씩 발견하는 경험을 우리는 지난 수백 년 동안 계속해 왔으며, 이런 경험은 점점 가속화되고 있다. 악상기호로 표현하자면 '크레센도'라고나 할까? 그런 점에서 이 시대는 분명

'과학의 시대'일 것이다. 누군가 이 시대를 일컬어 '영웅시대'라고 했는데, 이 말은 한 사람은 당연히 과학자였다(영웅시대는 원래 트로이 멸망 이전 그리스의 역사시歷史詩 시대를 가리키는 용어로서 수많은 전사들의 영웅담이 쏟아지던 시대였다. 이 시대를 가리켜 영웅시대라고 했던 과학자는 아마도 '수많은 과학자들이 과학적 발견을 쏟아내는 시대'라는 의미에서 이렇게 명명한 것으로 생각된다: 옮긴이). 대부분의 사람들은 이것에 대해 잘 알지 못한다. 그러나 나중에 역사학자가 이 시대를 돌아보게 된다면 '세계에 대해 별로 알지 못하던 상태에서 예전보다 훨씬 많은 것을 알게 된' 무척 극적이고 놀라운 시대였다는 사실을 발견하게 될 것이다.

하지만 '예술과 문학, 혹은 삶에 대한 사람들의 태도와 이해 같은 것들에 대해 과학이 얼마나 중요한 역할을 하고 있는가'라는 관점에서 지금이 과학의 시대인가를 묻는다면, '전혀 아니다'라는 것이 나의 대답이다. 예를 들어 그리스의 영웅시대를 들여다 보자. 영웅 전사들에 대한 무용담이 모두가 즐길 수 있는 서사시 형태로 지금까지 남아있지 않은가. 중세시대는 또 어떤가. 이 종교적인 시기에 예술은 종교에 직접적인 영향을 받았으며 이 시대를 사는 사람들의 삶에 대한 태도는 종교와 밀접하게 결합돼 있었다. 중세시대는 진정 종교적인 시대였던 것이다. 그런 점에서 이 시대를 다시금 생각해 본다면, 지금을 '과학적인 시대'라고 말하긴 어려울 것이다.

그런데 이 시대에 비과학적인 것들이 존재한다고 해서 내가 비애를 느끼는 것은 아니다. 비애라, 멋진 단어네. 내 말은 비과학적인 것들이 있다는 사실, 그 자체를 걱정하는 것은 아니라는 얘기다. 어떤 것이 비과학적이란 사실 자체가 나쁜 건 아니기 때문이다. 그게 문제를 일으키는 건 아니니까. 그저 비과학적일 뿐인 것이다. 그리고 '과학적'이란 말은 시행착오를 거쳐 알아낼 수 있는 것들에 대해 한정해서 사용할 수 있는 단어다. 예를 들면, '보라색 식인종Purple People Eater'(1950년대 우슬리Sheb Wooley의 록음악 곡의 제목: 옮긴이)과 '사냥개"Hound Dog" Taylor'(1917~1975, 록 기타리스트: 옮긴이)에 대한 노래를 하는 젊은이들이 우스꽝스럽게 보일 수도 있지만, 우리들이 만약 예전에 'Flat Foot Floogie with a floy, floy'(1938년에 녹음된 재즈곡: 옮긴이)이나 'The Music Goes Round and Around'(1935년에 녹음된 재즈곡: 옮긴이) 세대에 속해 있었다면 그들을 비판할 수만은 없을 것이다(여기 제시된 곡들은 가사가 말이 안 되는 곡들이라는 공통점이 있음: 옮긴이). 'Come, Josephine In My Flying Machine'(1910년 프레드 피셔Fred Fisher의 곡: 옮긴이)을 노래했던 어머니들의 아들들은 'I'd Like to Get You on a Slow Boat to China'(1947년 프랭크 뢰서Frank Loesser가 발표해 빌보드 차트에 19주 동안 머문 히트곡: 옮긴이)를 부르는 거다. 다시 말해, 살다가 흥겨울 때나 기쁠 때, 슬프거나 외로울 때, 혹은 문학과 예술 같은 것들에 대해서 우리는 굳이 과학적일 필요가 없으며, 과학적일 이유도 없다. 그저 긴장을 풀고 즐기기만 하면 된다. 이런 걸 비판하려는 게 아니다. 난 이런 말을 하려는 게 아니다. 이 강의의 뒷부분에 가서 나는 오늘날 이 세계가 얼마나 합리적이며 이성적이고 과학적인지에 대해 말할 생각이다. 그건 정말 중요한 일이다. 그래서 먼저 안 좋은 부분부터 시작하고, 그 다음에 뒤에 가서 부드럽게 다듬어 주려는 것이다. 그런 식으로 하면 세상의 모든 비과학적인 것들에 대한 논의를 잘 정리할 수 있을 것 같다.

하지만 잠시 생각해 보면, 정말 사소한 것들 속에서도 비과학적이며 불필요한 측면들이 늘상 존재한다는 사실을 발견하게 된다. 하다못해, 이 강연장 안에서도 이렇게 앞자리가 여럿 남아 있는데 저 뒤엔 사람들이 저렇게 많이 서 있는 상황이 존재한다는 것도 그런 예에 속한다.

언젠가 수업 중에 한 학생이 내게 이런 질문을 한 적이 있다. "과학 지식을 가지고 일하면서 얻게 되는 태도나 경험 중에서 다른 분야의 일을 할 때도 유용한 점들이 있나요?" 이 중요한 질문에 답하기 위해서, 이제부터 어떤 아이디어를 판단할 때 적용할 수 있는 작은 과학적 기술들에 대해 얘기해 보려고 한다. 과학에서는 아이디어를 결국에는 실험과 비교할 수 있다는 장점을 갖고 있지만, 다른 분야에선 그것이 가능하지 않을 수도 있다. 그렇긴 하지만, 과학에서의 판단 방법이나 경험 중 일부는 분명히 다른 분야에서도 도움이 될 것이다.

몇 가지 예를 들자. 첫 번째 예는 그 사람이 자신이 말하고 있는 내용에 대해 얼마나 잘 알고 있는지, 그가 말하는 내용에 어떤 근거가 있는지를 판단하는 방법이다. 여기에 대해 나는 아주 간단한 요령을 가지고 있다. 누구나 지적인 질문들, 그러니까 속임수 질문이 아닌, 주제에 대한 요점을 관통하는 흥미롭고 솔직하며 직접적인 질문들을 받게 되면 금방 곤경에 빠지게 된다. 꼭 어린아이가 천진난만한 질문을 던지는 것처럼 순수하지만 적절한 질문을 받았을 때, 만약 그 사람이 정직하다면 거의 즉각적으로 답을 할 수 없게 된다. 이 사실을 아는 건 매우 중요한 일이다.

이 세상이 좀 과학적으로 변한다면 훨씬 더 나아질 비과학적인 측면 한 가지를 지적해 보겠다. 이것은 정치와 연관된 것이다. 만약 두 정치인이 대통령 선거에 출마했는데 농장 지역에 가서 "농장 문제에 있어서 당신은 어떤 대처 방안을 가지고 있습니까?"란 질문을 받았다고 가정해 보자. 한 사람은 곧바로 대답을 아주 잘한다. 그 다음엔 다른 후보에게 가서 또 다시 "농장 문제에 대해 당신은 어떻게 대처할 생각입니까?"라고 묻는다. 그러자 이번에는 "음, 잘 모르겠어요. 예전에 저는 장군이었기 때문에 농장에 대해서는 잘 모릅니다. 하지만 사람들이 이 문제에 대해 20년 이상 씨름해 온 걸 보면 얼마나 어려운 문제인가를 실감하게 됩니다. 그러므로 저는 이 문제를 해결하기 위해서 여기에 정통한 많은 사람들을 모은 다음, 농장 문제에 대한 그간의 경험들을 바탕으로 타당한 방법을 찾아 어떤 결론에 도달하려고 합니다. 그 결론이 무엇이 될지 지금은 말해 드릴 수 없지만, 제가 지키려고 노력할 몇 가지 원칙들은 지금 제시할 수 있어요. 예를 들어 농부 개인에게는 절대 어려움을 주지 않겠다는 것, 또 특별한 문제들이 있을 때 우리가 해결할 수 있는 예비 방법들을 준비하겠다는 것과 같은 거 말입니다."

내 생각에 두 번째 사람은 이 나라에서 아무 자리도 얻지 못할 것이다. 이런 식의 대답을 시도해 본 정치인도 없었겠지만 말이다. 잘 알든 모르든 대답은 반드시 해야 하는 것이고, 대답을 한 사람이 대답을 하지 못한 사람보다 더 낫다는 생각이 대중들의 머릿속에 박혀 있지만, 실제로 대부분의 경우엔 그 반대이기가 쉽다. 이런 이유 때문에 정치인들은 어떻게 해서든 답을 제시해야만 했다. 그리고 그것의 결과로, 정치적인 약속은 절대로 지켜질 수 없는 것이 되어 버렸다. 이렇게 내뱉어진 공약들이 지켜지지 못하는 것은 엄연한 사실이며 어쩌면 당연한 것인지도 모르겠다. 그래서 결국 아무도 선거 공약을 믿지 않게 되어 버린 것이다. 그 결과 사람들은 정치를 대체로 얕보게 되었고, 문제를 해결하려고 노력하는 사람들을 존중하는 마음을 잃게 되었다. 결국 문제는 제일 첫 부분에서 시작된 것이다. 이건 엄밀한 분석의 결과는 아니니 '그럴 수도 있다' 는 정도로 표현하는 것이 적절할 것이다. 어쩌면 이 모든 것들은 대중이 답에 도달하는 방법을 아는 사람을 찾으려는 대신, 스스로 답을 찾으려고 시도하기 때문일지도 모르겠다.

이번엔 과학에 등장하는 다른 예를 들어보겠는데, 이것은 불확실성에 관한 것이다. 일반적 아이디어에 대해서는 한두 가지 예만 들겠다. 사람들은 불확실성이란 개념에 대해 종종 많은 농담으로 빈정거리기도 한다. 하지만 설령 불확실한 것들이라도 확실한 점이 존재한다는 것과 이런 문제에 있어 애매한 주장을 할 필요는 없다는 것, 그리고 어중간한 입장을 취할 필요도 없다는 점을 여러분께 상기시켜 드리고 싶다. 사람들은 내게 "자, 당신이 잘 모르겠다면 어떻게 어린 학생들을 가르칠 수가 있죠?"라고 묻곤 한다. 내가 그들을 가르칠 수 있는 이유는 무엇이 옳고 그른지에 대해 꽤 강한 확신을 가지고 있기 때문이다. 앞으로의 경험에 따라 내 생각이 바뀔 수도 있으니 절대적인 확신이라고 볼 수는 없겠지만 말이다. 그러나 나는 어린 학생들에게 무엇을 가르쳐야 할지 잘 알고 있다. 물론 애들이 가르치는 대로 다 배우는 것은 아니지만.

이번에는 좀 테크니컬한 문제를 언급하고 싶은데, 이걸 통해 바로 불확실한 것을 다루는 방법을 이해할 수 있기 때문이다. 하나의 사건이 거의 거짓인 상태에서 갑작스럽게 거의 참인 상태로 바뀌는 경우가 어떻게 가능할까? 어떻게 경험이 변할 수 있는가? 경험에 따라 어떻게 당신의 확신이 바뀔 수 있을까? 이것은 기술적으로 꽤 복잡한 문제인데, 무척 단순화시켜서 이상적인 예를 한 번 들어 보자.

어떤 일이 벌어지는 데에 대한 두 가지 이론이 있다고 가정하고, 이것을 '이론 A'와 '이론 B'라고 부르자. 문제는 이제부터 복잡해진다. 아직 구체적인 관찰을 하기도 전에 어떤 이유로 인해, 그러니까 과거의 경험이나 기존의 관찰, 혹은 직관 등을 통해 이론 A보다 이론 B가 맞을 거라는 데 좀 더 확신이 간다고 가정해 보자. 이제 우리가 해야 할 일은 이 두 가설을 실험을 통해 테스트해 보는 일이다. 이론 A에 따르면 실험에서 아무 일도 일어나지 않아야 하고, 이론 B가 맞다면 푸른색으로 바뀌어야 한다고 가정하자. 자, 그런데 관찰을 해 보았더니 약간 녹색 비슷한 색깔로 변했다. 그러면 이론 A에 근거하여 "이론 A는 틀린 것 같군."이라고 할 수 있고, 이론 B를 보면서 "음, 푸른색이 되었어야 하는데 녹색 비슷한 색이 나온 걸 보니 정확하게 일치하진 않지만 이 이론으로 어느 정도 설명할 수 있을 것 같군."이라고 해석할 것이다. 그래서 이 관찰의 결과로 이론 A의 기반은 약해지고 이론 B에 대한 지지는 강해진다. 그리고 계속해서 같은 실험을 반복하면 이론 B가 옳다고 결론 내릴 가능성이 더욱 높아질 것이다. 부언하자면, 사실 같은 테스트를 계속 반복해서 행하는 건 옳지 않다. 몇 번을 수행하든 결과가 계속 녹색 비슷한 색깔이라면 결론을 내릴 수 없으니까. 하지만 이론 A와 이론 B의 진위 여부를 판별해 줄 여러 다른 방법들을 개발해서 비슷한 관찰 결과를 많이 축적했다면 이론 B가 옳을 가능성은 당연히 더 높아질 것이다.

다른 예를 들어 보자. 내가 라스베가스에 있다고 치자. 거기서 다른 사람의 마음을 읽는 독심술이나 순수하게 생각만으로 어떤 일에 영향을 줄 수 있다고 믿는 염동 작용念動 作用을 일으키는 능력을 가지고 있다고 주장하는 사람을 만났다고 하자. 이 사람은 내게 와서 "당신 앞에서 내 능력을 증명해 보이죠. 룰렛roulette(도박의 일종. 여러 숫자가 교대로 검은색과 빨간색 칸 속에 원을 그리며 적혀 있고 그곳에 주사위를 던져 그 중 한 칸으로 떨어지게 하는 게임: 옮긴이) 바퀴 앞에 서 있으면서 매번 돌릴 때마다 검은색일지 빨간색일지 미리 맞혀 보겠습니다."라고 제안한다.

이 일을 시작하기 전에, 먼저 그가 어떤 숫자를 선택하든 그건 결과에 아무런 영향을 주지 않을 거라고 생각해 볼 수 있다. 사실 나의 오랜 물리학적 경험으로 인해 나는 독심술사에 대해 편견을 가지고 있다. 만약 그 사람이 '세상이 원자들로 이루어져 있다'는 사실을 믿고, 내가 그 원자들이 서로 상호 작용하는 방식을 대부분 이해하고 있다면, 마음속에 품고 있는 생각이 직접적으로 주사위에 영향을 미칠 방법은 없다고 나는 믿는다. 그러니까 지금까지의 경험과 일반적 과학지식을 바탕으로 독심술사의 능력에 대해 강한 부정적 편견을 가지고 있다는 얘기다. 독심술사의 능력이 사실일 가능성은 백만 분의 일 정도라고 생각한다.

이제 시작해 볼까? 독심술사는 '검은색'일 거라고 예측한다. 실제로 검은색이 나온다. 다음에 독심술사는 '빨간색'일 거라 말한다. 그러자 다음 판에서 실제로 빨간색이 나온다. 자, 그렇다면 이제 내가 독심술사의 능력을 믿을까? 아니다. 그런 일 정도는 벌어질 수 있다. 독심술사는 이번엔 다시 검은색일 거라고 말한다. 이번에도 검은색이 나온다. 다음에 독심술사는 빨간색일 거라 말한다. 정말로 빨간색이 나온다. 대단한 걸. 이제 뭔가 배우게 될 듯하다. 이런 식으로 10번 반복되었다고 하자. 확률에 따르면, 이렇게 10번을 연속해서 우연히 맞힐 가능성은 1천분의 1 정도이다. 그러니까 이제 그 독심술사가 실제로 앞으로 일어날 사건을 맞힐 가능성은 사기꾼일 가능성에 비해 1천분의 1로 늘어났다. 그 전에 나는 1백만분의 1 정도일 것이라고 생각했으니까. 만약 그가 10번을 더 연속해서 맞힌다면 그는 나를 확신시킬 수 있을까?

꼭 그렇진 않다. 우리는 항상 대안 이론을 받아들일 준비가 돼 있어야 한다. 진작 언급했어야 했지만, 다른 가능성이 하나 있다. 우리가 룰렛 테이블로 갔을 때 이 독심술사와 딜러가 서로 한패거리일 가능성이 내 마음을 스쳐갔을 것이다. 충분히 가능한 일이다. 이 사람이 플라밍고 클럽(라스베가스에 있는 카지노 호텔 중 하나: 옮긴이)과 연결돼 있지 않은 것처럼 보이지만 말이다. 그래서 나는 그럴 가능성을 100분의 1 정도라고 생각한다. 이 사람이 열 번을 모두 맞힌 다음에는 독심술사에 대해 아주 깊은 편견을 가지고 있는 나로서는 이 사람들이 서로 짜고 있다고 결론을 내린다. 약 10분의 1 정도의 확신으로. 다시 말해 이 일이 짜고 벌어진 일이라는 확신이 10이라면 우연일 확률은 1 정도라는 의미인데, 그래서 짜고 하는 것일 확률은 짜고 하지 않았을 확률에 비해 아직 10,000 대 1인 것이다. 내가 만약 계속 이 엄청난 편견을 가지고 있으면서 이게 다 짜고 하는 거라 주장한다면, 그가 정말 독심술 능력이 있다는 걸 나에게 어떻게 확신시킬 수 있을까? 음, 또 다른 실험을 할 수 있을 것이다. 다른 카지노로 갈 수도 있다.

다른 실험을 하자. 이번엔 내가 주사위를 산다. 그러곤 방에 앉아서 단 둘이 한 번 해 보는 거다. 이렇게 계속 진행해 가면서 다른 모든 대안 이론들을 하나씩 지워 나가는 것이다. 이 독심술사와 그 특정한 룰렛 테이블 앞에서만 무한 번 같은 실험을 반복해 봤자 소득이 없는 것이다. 그 사람이 결과를 예상하더라도 나는 계속 짜고 했다고 결론지을 테니까.

하지만 그 사람이 다른 방식의 실험에서도 비슷한 결과를 얻어 낸다면 독심술사라는 가능성에 대해 내게 확신을 줄 수도 있을 것이다. 다른 카지노로 옮겨 같은 실험을 반복했는데도 계속 잘 맞히고, 또 다른 카지노에 가서도 계속 잘 맞힌다고 가정해 보자. 내가 주사위를 사서 던져도 잘 맞히고, 집으로 데리고 가서 룰렛 바퀴를 하나 만든 다음에 같은 실험을 해도 계속 잘 맞힌다. 그렇다면 나는 어떤 결론을 내릴까? 그가 독심술사라는 결론에 도달할 것이다. 바로 이런 식인 것이다.

물론 여전히 확실한 건 아니다. 높은 가능성이 있다는 정도이다. 이 모든 과정 후에 나는 그가 정말로 독심술사라는 가설에 대해 어느 정도의 확률로 사실일 것이라고 결론지을 수 있다. 그리고 다음에 혹시나 새로운 경험이 더해지면, 예를 들어 입의 한쪽 모서리로 공기를 몰래 내뿜어서 서로 신호를 주고받는 방법이 있다거나 하는 식의 속임수를 발견하게 된다면, 다시 확률은 역전될 것이다. 그래도 여전히 우리가 얻은 결론에 대해서는 어느 정도 불확실성이 남아있다. 하지만 오랫동안 여러 테스트 과정을 거쳐 독심술이라는 게 정말 존재하는지 아닌지에 대해 결론을 내릴 수는 있을 것이다. 정말로 그런 현상이 존재한다면, 기대를 안 하고 있는 내겐 무척 흥분되는 일이 될 것이다. 몰랐던 사실 하나를 배우는 기회가 될 것이며, 물리학자로서 이렇게 흥미로운 자연 현상을 연구해 보길 자연스레 원하게 될 테니까. 그가 주사위로

부터 얼마나 멀리 떨어져 있는지가 결과에 영향을 줄까? 그 사이에 유리판이나 종이, 혹은 다른 물질을 놓으면 결과는 어떻게 될까? 실제로 자기장이나 전기장 같은 것들도 모두 이런 식으로 밝혀진 것이다. 그리고 독심술 역시 충분한 실험을 통해 분석하는 일이 가능할 수 있다.

어쨌든 여기까지가 불확실성을 다루고 어떤 일을 과학적으로 보는 방법에 대한 한 가지 예였다. 나는 이 예를 통해 독심술에 대해 '백만분의 1'이라는 편견을 가지고 있다고 해서 그 사람이 독심술사라는 확신을 못 갖는 게 아니라는 말을 하고 싶었다. 그가 독심술사라는 확신을 절대로 갖지 않으려면 다음 둘 중 하나의 경우이어야 한다. 실험의 숫자가 제한되어 있고 그가 더 이상 실험하는 것을 거부하거나, 내가 처음부터 무한대로 독심술에 대한 안 좋은 편견을 가지고 있어서 마음을 바꾸기가 절대 불가능해지는 경우 말이다(여담이지만 파인만은 1975년에 마술사 유리 겔라Uri Geller를 만났는데, 유리 겔라는 파인만 앞에서 어떤 능력도 보여주지 못했다: 옮긴이).

소위 진리인지 아닌지를 테스트하는 또 다른 방법이 하나 있는데, 이것은 과학 분야에서 이미 많이 적용되어 왔으며 아마 다른 분야에도 어느 정도 적용될 수 있을 것 같다. 그것은 '어떤 것이 정말로 진리라면 계속된 관찰을 통해 효율을 증가시키면 그 효과가 관찰 결과에 고스란히 드러나게 될 것'이라는 방법이다. 점점 덜 분명해지는 것이 아니다. 즉 어떤 것이 정말 존재한다면, 그런데 유리에 수증기가 서려 잘 볼 수 없다면, 그 유리를 닦고 더 분명하게 관찰하면 거기에 존재하는 것을 더욱 명확하게 볼 수 있지 여전히 뿌옇게 보이진 않는다는 것이다.

예를 하나 들어 보자. 버지니아 주 어딘가에 있는 어떤 교수가 여러 해에 걸쳐 심적 텔레파시라는 주제로 많은 실험을 했다(버지니아대학교에서는 초자연현상을 탐구하는 연구 센터가 오래 전부터 활발한 연구 활동을 펼쳤다: 옮긴이). 가장 처음 했던 실험은 여러 디자인의 카드 세트를 이용한 것이었는데, 한 사람이 카드의 문양을 생각하는 동안 다른 사람은 그게 원인지 삼각형인지 혹은 다른 것인지 추측하는 게임이었다. 한 사람은 카드를 보면서 그 카드에 대해 생각하고 있고, 다른 사람은 앉아서 카드를 보지 않은 채 그 사람의 생각을 읽어 그 카드가 무엇인지 알아맞히는 것이었다. 그들은 이 카드를 팔기도 했고 이 게임이 한때 유행하기도 했기 때문에 아마 여러분들도 기억하고 있을지 모르겠다. 이 연구의 시작 단계에서 그 교수는 놀라운 결과를 얻었다. 만약 카드의 문양을 알아맞히는 경우의 수가 수학적으로 따져봤을 때 5번 정도여야 한다면, 이 사람들은 10~15번 정도 정확히 답을 알아냈다. 그 뿐만이 아니었다. 어떤 이들은 모든 카드를 거의 100%에 가깝게 맞히곤 했다. 훌륭한 독심술사들이라고 할 수 있겠지.

많은 사람들이 이 실험에 대해 비판을 제기했다. 그 중 하나 예를 들자면. 잘 맞히지 못한 경우 이를 실험결과에 포함시키지 않았다는 것이다. 잘 맞힌 경우만 몇 개 선택하고 나면 통계란 의미는 사라져 버린다. 고의든 고의가 아니든 서로가 신호를 주고받은 상황도 있었다는 여러 단서도 발견됐다.

이 검증의 방법과 통계 처리에 대해 많은 비판이 있었다. 덕분에 실험 방법을 개선할 수 있었고, 결과는 충분히 많은 시행을 거쳤을 때 5번이 평균이어야 하지만, 약 6.5번 정도 나왔다. 새로운 실험 방법에서 그 교수는 10~15번이라는 숫자 근처에도 가지 못했다. 그러므로 처음 했던 실험은 잘못된 것이었다. 두 번째 실험에서는 첫 번째 실험에서 관찰된 현상이 존재하지 않는다는 사실 또한 밝혀졌다. 평균이 5번 근처인 6.5번이라는 사실은 심적 텔레파시가 존재한다 하더라도 훨씬 미약한 수준일 거라는 새로운 가능성을 제시한다. 이는 예전과는 전혀 다른 결과인데, 왜냐하면 정말 심적 텔레파시가 존재한다면 실험 방법을 개선해도 계속 볼 수 있어야 하기 때문이다. 이번 실험에서도 15번 이상 알아맞혀야 하는데, 왜 이제와서 6.5번으로 맞힌 경우의 수가 줄어든 것일까? 그것은 실험 방법이 개선되었기 때문이다. 그래도 6.5라는 숫자는 통계 평균보다 조금 높은 숫자이므로, 사람들은 다시 좀 더 미묘한 비판을 제기했고, 덕분에 그 결과를 설명할 수 있을지도 모를 작은 요인들을 알아챌 수가 있었다. 그 교수에 따르면 사람들은 실험 도중 지쳐버리는데 그것이 실험 결과에 영향을 미친다고 했다. 실제로 사람들이 맞히는 카드 수의 평균이 시간이 지날수록 약간씩 낮아졌다. 자, 낮은 숫자들을 빼고 나면 통계 법칙은 의미가 없게 되고 평균은 5보다 약간 높게 되겠지만 여전히 미심쩍은 상황이 계속 되게 된다. 그래서 만약 실험에 참가한 사람이 피곤했다면 마지막 두세 번의 결과는 빼기로 했다. 이런 식으로 실험은 계속 개선되어 나갔다. 결과적으로 심적 텔레파시는 존재하긴 하지만 이번엔 평균 5.1번 정도였을 뿐이었다. 그래서 6.5라고 얻은 실험들은 잘못된 것이었음이 드러났다. 그렇다면 결국 5가 된다면 어떻다는 얘기인가? 자, 이렇게 영원히 계속 갈 수도 있겠지만, 요점은 '실험에는 항상 미묘하고 알려지지 않은 오차가 있다'는 사실이다. 그렇지만 내가 심적 텔레파시를 연구한 이들이 그 존재를 증명해 내지 못했다고 믿는 이유는 실험 방법이 개선될수록 현상 자체가 약해졌기 때문이다. 간단히 얘기하면, 나중에 행해진 실험은 먼저 행해진 실험 결과를 모두 반증한 것이었다. 이런 식으로 생각하면 상황이 쉽게 파악될 것이다.

심적 텔레파시나 비슷한 종류의 현상들은 19세기 신비주의 심령론과 유사한 속임수에 기원을 두었기 때문에 사람들은 여기에 대해 부정적인 편견을 가지고 있었다. 편견은 어떤 것이 사실임을 증명하는 것을 어렵게 만드는 경향이 있지만, 그럼에도 불구하고 정말로 그 무언가가 존재한다면 결국엔 그 편견을 깨고 존재를 증명할 수 있다.

여기에 알맞은 재미있는 예는 바로 최면 현상이다. 최면이 정말로 존재한다는 걸 사람들이 받아들이게 될 때까진 많은 시간이 걸렸다. 처음 시작은 메즈머Mesmer가 히스테리를 가진 사람들을 욕조 안에 누이고 파이프 같은 것을 들고 있게 하는 치료 방법이었다. 이 현상의 일부는 아직 그 존재가 알려지지 않았던 최면 현상과 관련이 있었다. 이렇게 시작된 최면 현상은 사람들이 많은 실험을 수행할 만큼 충분한 관심을 갖게 되었는데, 그 과정이 얼마나 힘들었을지는 상상이 갈 것이다. 운 좋게도 최면 현상은 수많은 편견을 이겨 내고 그 존재가 의심의 여지없이 증명되었다. 사람들이 부정적인 편견을 가지고 있는 것들은 시작이 좀 이상하더라도, 충분한 연구가 진행된 후에는 상황이 완전히 바뀔 수 있다.

비슷한 아이디어에서 나온 또 하나의 원리가 있는데, 그것은 묘사되는 효과가 일종의 영원성 또는 불변성을 가져야 한다는 사실이다. 즉, 어떤 현상이 실험적으로 검증하기 힘든 경우라면 여러 관점에서 보았을 때 거의 같은 어떤 측면이 드러나야 한다는 것이다.

예를 들어, 비행접시에 대한 얘기를 해 보자. 비행접시를 봤다는 증언이 믿기 어려운 것은 비행접시를 봤다는 거의 모든 사람들이 사전에 뭘 보게 될지 미리 정보가 없는 경우에는 진술이 일관되지 않다는 데 있다. 그래서 같은 비행접시를 보고도 '오렌지 색깔의 빛과 바닥 위를 튀어 오르는 푸른 공'에서부터 '있다가 사라지는 회색 안개', '공기 중으로 증발하는 섬세한 거미줄 같은 흐름', '인간과 비슷한 형체의 물체를 품고 있는 주석으로 만든 둥그렇고 납작한 물체' 등 그들의 진술은 제각각이었다.

자연의 복잡성과 지구상에 존재하는 모든 생명체의 진화에 대해 조금이라도 올바른 인식을 가지고 있다면, 생명체들이 가진 그 놀라운 다양성을 이해할 수 있을 것이다. 사람들은 공기 없이는 생명체가 존재할 수 없다고 생각하지만, 수중에도 생명체는 존재한다. 오히려 생명은 수중에서 시작되었다. 생명체라면 이동할 수 있어야 하고 신경을 가져야 한다고 믿지만, 식물은 그 반례다. 얼마나 다양한 생명체들이 이 세상에 존재하는지 잠깐 동안만 생각해 보자. 그러면 비행접시나 그 안에서 나온 물체가 실제로 존재한다면 그것은 비행접시 목격자들이 묘사하는 것과는 무척 다른 모습일 거란 걸 쉽게 짐작할 수 있을 것이다. 그들의 말이 사실일 가능성은 아주 희박하다. 비행접시가 예전에 와서 소동을 일으키지 않고 있다가 갑자기 우리 시대에 나타날 확률 또한 아주 낮다. 그들은 왜 진작 지구에 오지 않았을까? 과학 기술의 발달로 인해, 한 장소에서 다른 장소로 이동하는 능력이 무한한 잠재력을 갖기 시작하는 바로 이 시대에 왜 비행접시들이 갑자기 많이 나타나는 것일까?

여러 가지 어설픈 주장들은 이 비행접시들이 금성으로부터 온 거라는 데 의심을 갖게 만든다(사실 꽤 심각한 의심을 갖게 만든다). 그 많은 의심을 없애려면 매우 정확한 실험을 해야 하며, 관찰된 현상의 특징들이 일관성이나 영원성을 가지지 못한다는 것은 그것이 실제로 존재하지 않을 가능성이 높다는 것을 뜻한다. 더 뚜렷해지기 전엔 별로 관심을 가질 만한 가치가 없다.

나는 많은 사람들과 비행접시에 대해 얘기를 해 보았다. 부가적으로 한 가지를 더 언급하자면, 내가 과학자라고 해서 일반인들과 교제하지 않는 건 아니다. 그들이 어떤 생각을 하고 사는지 잘 알고 있다. 난 라스베가스에 가서 쇼걸이나 도박사들과 얘기하는 것을 즐긴다. 지금까지 살면서 여기저기 많이 돌아다녀 봤기 때문에 보통 사람들에 대해 많이 알고 있는 편이다. 어쨌든 해변에서 사람들과 비행접시에 대해 논쟁을 한 적이 있었다. 그들은 비행접시가 실제로 존재할 가능성이 있다고 계속 주장했는데, 내겐 그 모습이 매우 흥미로웠다. 그 말은 맞다. 물론 가능하다. 그런데 그들은 우리가 비행접시에 대해 일반적인 존재가능성을 얘기하는 것이 아니라 목격자라고 주장하는 사람들이 본 것이 비행접시인지 아닌지에 대해 논쟁하고 있다는 사실을 인식하지 못하고 있는 듯 보였다. 지금 나타난 것에 대한 것이지, 일어날 수도 있는지에 대한 논쟁이 아니라는 얘기다.

이렇게 해서 우리는 이제 다른 분야의 아이디어를 다룰 때 가져야 할 네 번째 태도를 말할 차례가 됐다. 그것은 '무엇이 가능한가'를 생각하는 것이 아니라 '어떤 설명이 좀 더 그럴듯한지', '무엇이 지금 일어나고 있는 것인지'에 대한 문제라는 사실을 깨닫는 것이다. 비행접시가 존재할 수도 있다는 점을 논박할 수는 없다. 그런 주장을 반복해 봤자 영양가 있는 논쟁이 되기 어렵다. 화성인들의 침략에 대해 걱정을 하는 것이 적절한지 아닌지, 지금 추측할 수 있어야 한다. 그게 정말 비행접시인지, 타당성이 있긴 한 건지, 정말 그럴듯한 설명인지 판단을 해야 한다. 그런 판단을 내리기 위해서는 그냥 가능성이 있는지 생각할 때보다 더 많은 실제 데이터를 기초로 삼아야 한다. 왜냐하면 평범한 개인은 그저 가능성이 있기만 한 사건들의 수가 얼마나 많은지에 대해 잘 모르기 때문이다. 그들은 또 일어날 가능성이 있는 많은 사건들 중에서 굉장히 많은 수가 실제로 일어나지 않고 있다는 점도 분명히 인식하지 못한다. 가능한 모든 일들이 일어나는 것은 불가능하다는 사실을 깨닫지 못하고 있다. 그리고 그 일들은 너무나 다양하고 많아서 가능하다고 여겨지는 대부분의 것들은 실제로 존재하지 않을 가능성이 높다. 실제로 이것은 물리 법칙의 일반적인

원리이기도 하다: 누가 무엇을 생각해 내었든, 그건 대개 틀린 것이다. 그래서 지금까지 오랜 물리학의 역사에서 올바른 이론은 겨우 5개에서 10개 정도에 불과하며, 그것이 진정 우리가 원하는 것들이다. 제기된 모든 이론이 틀렸다는 말은 아니지만, 그것이 사실일 가능성은 언제나 매우 낮다. 나중에 가서 알게 되겠지만.

약간의 가능성이 있는 일이 가능성이 매우 높은 일로 잘못 인식된 경우의 예로서, 시튼Seaton 수녀의 미화美化 얘기를 들어 보고자 한다. 많은 사람들을 위해 좋은 일을 아주 많이 행했던 성스러운 여인이 있었다. 거기에는 의심의 여지가 없었다. 죄송, 의심의 여지가 거의 없다고 말하는 것이 좀 더 정확하겠지. 그녀가 선을 행함에 있어 영웅다운 모습을 보여 주었다는 것은 이미 널리 알려진 사실이었다. 성인saint을 결정하는 가톨릭 제도에 따르면, 그 단계에서 다음 질문은 기적을 행했는지 여부이다. 그래서 우리가 결정해야 하는 다음 문제는 그녀가 기적을 행했는지에 관한 것이었다.

급성 백혈병에 걸린 한 소녀가 있었는데, 의사들은 그녀를 어떻게 치료해야 할지 몰랐다. 최후의 순간이 점점 다가오자 가족들의 애원과 협박에 못 이겨 거의 모든 종류의 약 처방과 온갖 치료법들이 시도됐다. 그중 하나는 그 소녀의 침대 시트에 시튼 수녀의 뼈에 닿았던 리본을 핀으로 꽂아 놓고 수백 명의 사람들이 소녀의 건

강을 위해 기도하도록 한 일이었다. 그 결과는 그녀의, 아니 그 결과가 아니지, 그 후에 그녀의 백혈병 증세가 호전되었다.

　이 사건을 조사하기 위해 특별 법정이 열렸다. 공식적이면서도 조심스럽게, 그리고 과학적으로 공방이 전개됐다. 이를 위해 모든 것은 최대한 정확해야 했다. 모든 질문이 매우 조심스럽게 제기되었고, 모든 질문 사항은 빠짐없이 속기록에 조심스럽게 적혔다. 천 페이지에 가까운 기록을 만들었고, 바티칸에 도착하기 전에 이탈리아어로 번역되었다. 특수한 줄로 잘 묶인 채로 기록은 옮겨졌다. 법정에서 이 사건에 개입된 의사들의 진술이 이어졌다. 의사들은 이번 경우가 보통의 상황과는 매우 달랐으며, 이런 종류의 백혈병에 걸리고도 이렇게 긴 시간 동안 버틴 사람은 여태까지 없었다는 데 모두 동의했다. 그렇게 사건은 종결되었다. 그렇다, 어떤 일이 일어났는지는 모른다. 아무도 무슨 일이 벌어졌는지 모른다. 기적이었을 가능성도 있다. 그 일이 기적이었을 가능성이 있는지가 문제가 아니라, 실제로 기적이 벌어졌는지가 문제인 것이다. 그 법정이 결정해야 하는 문제도 그 일이 기적이었을 가능성이 높은지 아닌지에 대해서였다. 시튼 수녀가 그 일과 관련이 있었는지를 결정하는 문제였다. 결국 이 문제는 로마에 있는 사람들이 결론을 내 버렸다. 그들이 어떻게 그런 결정을 내렸는지는 알 수 없지만, 어쩌면 그것이 이 사건에서 가장 미스테리한 대목이다.

문제는 이 치료가 시튼 수녀의 기도와 관련이 있느냐 하는 문제에 답하기 위해서는 다양한 질병 상태에 있는 많은 사람들의 치유를 위해 시튼 수녀의 뼈에 닿았던 리본을 이용해 기도를 드린 모든 경우를 수집해야 할 것이다. 그리고 나서 이 사람들을 치료한 성공률을 그런 기도를 드리지 않은 사람들의 평균 치료 성공률과 비교해야 한다. 그렇게 해야 정직하고 올바르게 이 문제에 접근하는 것이며, 또 그렇게 하는 것이 신성을 더럽히는 일도 아니다. 왜냐하면 그 일이 정말로 기적이었다면 이런 과정을 통해 그 본질을 드러낼 수 있기 때문이다. 그리고 만약 기적이 아니라면 이 과학적인 방법이 잘못된 결론을 제거하게 만들 것이다.

　의학을 공부하며 환자를 치료하려는 사람들은 그들이 찾을 수 있는 모든 종류의 치료 방법에 대해 항상 고민한다. 그들은 거의 모든 종류의 약을 시도해 보았고, 그러자 그 여자는 상태가 호전되었다. 또 병세가 나아지기 바로 전에 그녀는 수두를 앓았다. 그게 어떤 영향을 준 것일까? 수두의 발병이 병세의 호전과 어떤 관계가 있는지 여부는 우리가 테스트할 수 있는 분명한 방법이 존재한다. 기적과 같은 일이 벌어졌는지를 결정하는 문제가 아니다. 더욱 중요한 문제는 그걸 정말 잘 사용해서 그 다음에 뭘 해야 할지를 결정하는 문제이다. 왜냐하면 그 현상이 정말로 시튼 수녀의 기도와 관련이 있는 것으로 밝혀진다면, 그녀의 시체를 발굴해서(이미 그렇게 되었지만) 뼈 조각들을 모으고 다른 침대에도 리본을 묶어 놓을 수 있도록 많은 수의 리본을 확보해야 하기 때문이다.

이번엔 다른 종류의 원리 혹은 아이디어로 넘어가자. 그것은 '어떤 일이 벌어진 후에 그 일이 벌어질 확률을 계산하는 것은 의미가 없다'는 사실을 명심해야 한다는 것이다. 심지어 많은 과학자들조차 이 개념을 잘 이해하지 못하고 있다. 실제로 내가 이 문제에 대해 처음 논쟁을 시작하게 된 것은 프린스턴대학교 물리학과 박사과정에 있을 때다. 당시 심리학과에서 쥐를 대상으로 실험을 하는 학생을 만났는데, 그는 T자 형태로 된 미로 안에 쥐를 넣어놓고 조건에 따라 쥐가 오른쪽으로 가는지 왼쪽으로 가는지 알아보는 실험을 하고 있었다. 심리학자들은 이런 실험을 할 때 어떤 사건이 우연적으로 일어날 가능성이 매우 낮도록 − 실제로 1/20보다 낮도록 − 만들어야 한다는 일반적인 원칙을 사용한다. 이것은 20개의 실험결과를 얻었다면 그중 하나쯤은 우연히 발생된 잘못된 결과일 수 있음을 의미한다 (통계처리에서 'P〈0.05', 즉 정확도 95%를 설명하고 있다 : 옮긴이). 하지만 쥐들이 무작위로 오른쪽이나 왼쪽으로 간다면, 그 확률을 계산하는 통계적인 방법은 동전을 던지는 일처럼 계산하기 쉽다.

지금 정확하게 기억이 나진 않지만, 그 학생은 쥐들이 항상 오른쪽으로만 간다면 무엇인가를 증명하도록 실험을 고안해 놓았다. 쥐들이 우연히 모두 오른쪽으로 갈 수도 있기 때문에, 그런 일이 우연히 벌어질 확률을 20분의 1 이하로 낮추기 위해 그는 많은 수의 실험을 해야 했다. 쉽지 않은 실험이었지만 수많은 시도를 해야만 했던 것이다. 그러고 나서야 그는 원했던 결과를 얻을 수 없음을 알게 됐다. 쥐들은 때론 오른쪽으로 가기도 했고 왼쪽으로 가기도 했다. 자세히 살펴보니, 쥐들은 놀랍게도 처음엔 오른쪽, 그 다음엔 왼쪽, 그러곤 오른쪽, 다시 왼쪽, 이렇게 번갈아 방향을 바꾼다는 사실을 알게 됐다. 그는 내게 달려와서 "번갈아 방향을 바꿀 확률을 계산해 줘. 20분의 1보다 낮은지 보고 싶거든."하고 얘기했다. 난 "아마 1/20보다 낮겠지만 그건 의미가 없는 거야."라고 말했다. "왜?" 나는 이렇게 말했다.

"사건 후에 계산을 하는 건 의미가 없으니까. 자 봐, 넌 특이한 현상을 찾기 위해 특이한 경우를 선택했을 뿐이야."

다른 예를 들어 보자. 나는 오늘 저녁 정말 놀라운 경험을 했다. 여기에 오는 중에 번호판이 ANZ 912인 차를 본 것이다. 워싱턴 주에 있는 모든 자동차 번호판들 중에서 내가 오늘 우연히 ANZ 912를 보게 될 확률을 계산해 보자. 이건 정말 어리석은 행동이다. 같은 의미에서 그 학생도 이런 식으로 해야 하는 것이다. 쥐가 번갈아 진행 방향을 선택한다는 것은 쥐들이 자신의 생각을 매번 바꾼다는 것을 의미한다고 생각할 수 있다. 만약 그가 이 가설을 95%의 정확도로 테스트하고 싶다면, 그는 방금 얻은 그 실험결과를 사용해선 안 되며, 다시 완전히 새로운 또 하나의 실험을 해서 거기서도 쥐들이 방향을 번갈아 바꾸는지 관찰해야 한다. 그는 내 제안대로 그렇게 했고, 이번엔 쥐들이 그러지 않았다.

많은 수가 아닌 한번 일어난 에피소드나 사건만으로 그것이 일반적인 사실이라고 믿는 사람들이 의외로 많다. 이런 에피소드에는 온갖 종류의 영향이 혼재되어 있는데 말이다. 사람들은 자신에게 일어났던 사건들을 떠올리며 "그렇다면 이건 어떻게 설명할래요?"라고 묻는다. 그렇다면 나도 내 삶에서 벌어진, 내가 기억하고 있는 놀라운 경험 두 가지를 소개해 보겠다.

하나는 MIT(보스톤에 소재한 메사추세츠 공과대학교. 파인만이 학부를 마친 곳이다: 옮긴이)에 있는 남학생 클럽 하우스에서 있었던 일이다. 나는 2층에서 철학의 어떤 주제에 대한 논문을 타자로 치고 있었다. 그 때 나는 주제만을 생각하며 완전히 몰입해 있었는데, 갑자기 한 순간에 정말 신비롭게도 다음과 같은 생각이 내 마음을 흔들어 놓는 것이었다: '할머니가 돌아가셨구나'. 뭐 항상 이런 얘기를 할 때 그렇듯 나는 지금 약간 과장을 하고 있긴 하다. 정확히 표현하자면 강한 느낌은 아니었지만 잠깐 동안 그런 생각이 조금 들었던 것이었다. 그거 중요한 일이다. 바로 그때 아래층 전화기가 울렸다. 내가 이 사건을 분명하게 기억하는 것은 이제 여러분이 듣게 될 이유 때문이다. 누군가가 전화를 받고 소리치길 "야, 피트!"(피터의 애칭). 내 이름은 피터가 아니다. 즉 다른 사람에게 걸려온 전화였다. 내 할머니는 전혀 아프지 않으셨고 아무 일도 없었다. 그러니까 우리가 해야 할 일은 이와 같은 많은 사례들을 모아서, 정말 비슷한 일이 벌어졌을 때 그것이 누군가의 계시가 아니라 그렇지 않았던 수많은 순간들을 떠올리면서 이번 일이 낮은 확률로 발생한 사건이었음을 기억해 내는 것이다. 그런 일이 일어날 수도 있고 일어난 적이 있을 수도 있다. 불가능하진 않다. 그렇다고 그런 일이 실제로 벌어진다고 해서 그때부터 내가 '내 머릿속 어딘가에서 언제 할머니가 돌아가실지 알려 준다'는 기적을 믿어야 하는 걸까?

이런 일화에는 구체적인 상황은 잘 묘사돼 있지 않다. 그래서 이번에는 좀 더 슬픈 이야기이긴 하지만 자세히 얘기해 보겠다. 13살인가 14살에 나는 한 여자애를 만났다. 그녀를 많이 사랑했고 결국 결혼하는데 13년이 걸렸다. 이제 곧 보게 되겠지만, 그녀는 현재 나의 아내가 아니다. 그 때 그녀는 결핵에 걸렸는데, 병에 걸린 지 이미 수 년이 흘러있었다. 결핵에 걸렸다는 걸 알게 되었을 때 나는 그녀에게 시계를 하나 선물했다. 그 시계에는 숫자판 대신 회전하는 커다란 숫자들이 있었는데 그녀는 그걸 무척 좋아했다. 그녀는 그것을 침대 맡에 6년 동안 계속 놓고 지냈는데, 점점 병세가 안 좋아지다가 결국엔 세상을 떠나고 말았다. 저녁 9시 22분이 임종 시각이었다. 그런데 그 시계도 9시 22분에 멈춰서 더 이상 가지 않았다.

운이 좋게도 나는 이 일화에서 다음과 같은 정황을 알게 되었다. 내가 시계를 선물한 지 5년이 지난 후에 시계는 여기저기 고장이 나기 시작했다. 가끔 볼 때마다 그걸 고쳐야 했는데 그러면서 톱니바퀴들이 조금씩 헐렁해졌다. 아내가 사망한 날, 사망 신고서를 작성한 간호사는 방이 너무 어두웠기 때문에 시계를 들어서 정확한 시간을 보고 약간 돌려놓은 후 다시 내려놓았다. 그러면서 시계는 멈추게 된 것이다. 그걸 알아차리지 못했다면 이 일화를 말끔히 설명하는 데 어려움을 겪었을 것이다. 그러니까 이런 일화를 얘기할 때는 세세한 상황들을 정확히 기억하려고 노력해야 하며, 여러분이 알아차리지 못한 무언가가 수수께끼를 설명할 수도 있다는 사실을 잘 알아야 한다.

요약하자면, 한두 가지 사건을 가지고 어떤 걸 증명할 수는 없다는 얘기이다. 모든 것들을 조심스럽게 검사해 보아야 한다. 그렇게 하지 않으면 여러 요상한 것들을 믿으며 '자신이 사는 세상에 대해 잘 모르는 사람들' 중 한 명으로 남기 쉽다. 아무도 이 세상을 완전히 이해하지는 못하지만, 사람들마다 세상을 이해하는 정도가 다른 건 사실이다.

또 하나 필요한 기술은 통계적 표본을 얻는 일이다. 이 아이디어에 대해서는 아까 1/20의 가능성을 얻도록 노력하는 경우를 얘기할 때 잠깐 언급했었다. 통계적 표본을 얻는 것에 대한 주제 자체는 매우 수학적이므로 상세하게 파고들진 않겠다. 하지만 기본적인 아이디어는 명료하다. 만약 여러분이 6피트 이상 되는 사람이 몇 명이나 되는지를 알고 싶다면 100명의 사람들을 무작위로 선택해서 어쩌면 '그 중 40명이 6피트를 넘으니까 아마 모두 다 6피트가 넘는다'고 추측할 수 있다. 바보처럼 들리기도 하지만, 그렇지 않을 수도 있다. 만약 100명을 고를 때 누가 낮은 문을 통과해서 오는지를 확인한 후 선택한다면 우리가 얻은 결과는 틀린 것임이 명백하다. 여러분 친구들 중에서 100명을 골라서 키를 잰다고 해도 잘못될 결과일 텐데, 왜냐하면 그것은 모두 한 나라 한 도시에서 얻은 표본이기 때문이다. 그렇지만 만약 여러분이 고른 표본집단이 누가 봐도 키와 연관 지을 수 없는 일반적인 집단이었다면, 그리고 만약 100명 중 40명이 6피트가 넘었다면 1억 명 중엔 대략 4천만 명이 그렇다고 말할 수 있을 것이다. 그것보다 얼마나 더 많아질지 적어질지는 꽤 정확하게 계산해 낼 수 있다. 실제로 1%의 오차 안에서 정확하게 결과를 얻으려면 1만 명의 표본이 필요하다. 정확도를 높이는 것이 얼마나 어려운 일인지 사람들은 잘 실감하지 못한다. 1~2%의 정확도를 높이기 위해 1만 번의 시도가 필요한 것이다.

텔레비전 광고의 가치를 판단하는 사람들이 이 방법을 종종 사용한다. 아니, 사용한다고 착각한다. 이것은 쉽지 않은 작업인데 그 중에서도 제일 어려운 부분이 표본을 선택하는 일이다. 어떻게 평범한 사람들에게 가서 그 사람이 시청하는 모든 텔레비전 프로그램을 기록하는 장치를 집에 놓도록 조처할 것인지, 어떻게 그 사람이 평범한 사람인지를 알 수 있는지, 평범한 사람이란 도대체 어떤 사람들을 말하는 것인지, 일지에 기록하는 데 따라 돈을 받기로 한 기록자들은 또 어떤 사람들인지, 그들이 15분마다 벨이 울릴 때 보고 있는 걸 얼마나 정확히 일지에 기록하는지에 대해 우린 전혀 알지 못한다. 그렇기 때문에 이런 일에 참여하는 표본이 1천 명이든 1만 명이든 – 보통 그 이상은 아니다 – 이런 연구만으로 광고의 효과를 판단하는 것은 위험하다. 그 표본은 대개 잘못된 것임에 분명하다. 좋지 않은 표본이 문제를 일으킬 수 있다는 사실은 널리 알려져 있으며, 그만큼 좋은 표본을 얻는 것은 매우 중요한 일이다. 만약 제대로만 한다면 과학의 관점에서는 별로 문제가 없다. 이 문제에 있어 모든 연구자들의 결론은 '세상의 모든 사람들은 매우 멍청하며 그들에게 뭔가를 가르칠 유일한 방법은 계속해서 그들의 지적 능력을 모욕하는 것' 이라는 사실이다. 이 결론은 옳을 수도 있고 틀릴 수도 있다. 만약 이것이 잘못된 것이라면 우린 정말 엄청난 실수를 저지르고 있는 것이다. 그러므로 사람들이 여러 종류의 광고에 주목하는지 아닌지 제대로 밝히는 일은 막중한 책임감을 느껴야 할 문제이다.

아까도 얘기했듯이 나는 많은 평범한 사람들을 알고 있다. 나는 그 사람들의 지성이 모독을 당하고 있다고 생각한다. 여러 종류가 있는데, 한번 라디오를 틀어 볼까? 만약 여러분이 조금이라도 정신을 차리고 있다면 돌아버릴 것이다. 사람들은 그런 모독을 듣지 않는 방법을 아는 모양인데, 나는 아직 그걸 배우지 못했다. 어떻게 그럴 수 있는지 모르겠다. 그래서 이 강의를 준비하기 위해 나는 집에서 3분 동안 라디오를 켜고 다음의 두 가지를 들었다.

라디오를 켜자 처음엔 인디언 음악이 나왔다. 뉴멕시코(미국 중남부의 주 이름)의 나바호 인디언이었다. 듣자마자 알 수 있었다. 갤럽 Gallup(뉴멕시코주의 도시. 나바호 인디언 보호지구 인근.)에서 들어 본 적이 있었기 때문에 정말 기뻤다. 지금 이 자리에서 그 전쟁 영가를 따라 부르고 싶지만 그러지는 않겠다. (하고 싶은 마음이 없진 않지만.) 이 음악은 매우 흥미로우며 그들의 종교 안에 깊숙이 자리하고 있어서 경외심을 불러일으킨다. 라디오로 흥미로운 무언가를 들을 수 있어서 기뻤다고 솔직하게 얘기할 수 있다. 문화적인 경험이었다. 만약 내가 보고를 하는 것이라면, 3분 동안 들었다고 말해야겠지만 사실 나는 계속해서 듣고 있었다. 약간의 부정행위를 한 건 인정해야겠다. 그걸 좋아했기 때문에 계속 더 들은 것이다. 듣기 좋았기 때문이다. 그러다가 갑자기 음악이 중간에 멈춰 버렸다. 그리고는 한 남자가 나타나 "우리는 자동차 사고에 맞서 전쟁 출정의 길에 나서야 합니다."라고 떠들었다. 그는 계속해서 자동차 사고가 났을 때 조심해야 한다고 주장했다. 그건 지성에 대한 모욕은 아니지만, 나바호 인디언과 그들의 종교, 그들의 아이디어에 대한 심각한 모독이다.

계속 해서 듣고 있자니, 이번에는 어떤 음료수 광고가 나왔는데, 그 카피 문구는 '젊게 생각하는 사람들을 위한 펩시콜라'였던 것 같다. 나는 '그래, 이제 충분해, 잠깐 이것에 대해 생각해 봐야겠어'라고 생각했다. 젊게 생각하는 사람이 도대체 무슨 뜻일까? 내 생각엔 젊은 사람들이 좋아하는 것들을 즐겨 생각하는 사람일 것 같다고 추측했다. 좋다, 그렇다고 치자. 그렇다면 이건 그런 사람들을 위한 음료수다. 그 음료수 회사의 연구 개발팀에 있는 직원들은 라임을 얼마나 넣어야 하는지를 다음과 같이 결정했다고 생각한다.

"자, 예전엔 그냥 평범한 사람들을 위한 음료수를 만들었는데 이번엔 바꿔서 평범한 사람들이 아니라 젊게 생각하는 사람들을 위한 음료수를 만들어 보자. 설탕을 좀 더 넣어."

어떤 음료수가 특별히 젊게 생각하는 사람들을 위한 것이라는 아이디어 자체가 완전히 말도 안 되는 소리다.

그 결과 우리는 그리고 우리의 지성은 지속적으로 모독을 당하게 된다. 이를 극복하는 방법에 대해 내게 좋은 생각이 있다. 다른 사람들도 여러 아이디어를 가지고 있는데, F.T.C.(Federal Trade Commission, 미국 연방 통상 위원회: 옮긴이) 역시 이 문제를 조정하려고 준비하고 있다. 내가 생각한 손쉬운 계획은 30일 동안 시애틀 지역 26개 광고 게시판의 사용 권한을 사서 그 중 18개에 불을 켜고 그 광고 게시판에 "여러분의 지성이 모독당하도록 놔두시겠습니까? 이 제품을 사지 마세요." 라고 적힌 간판을 올려놓는 거다. 그리고 또 텔레비전과 라디오에 몇 개 코너를 사서, 프로그램 중간에 누군가 나타나서 이렇게 얘기하는 거다:

"방해해서 죄송합니다만, 여러분이 듣는 광고 중에서 지성을 모독하거나 마음을 불편하게 만드는 것이 있다면 그 제품을 사지 않도록 권고 드리겠습니다." 그러면 최대한 빨리 문제가 해결될 것이다. (청중의 박수) 감사드린다.

만약 여기저기 돈을 뿌리고 싶은 사람이 있다면 텔레비전 일반 시청자의 지성을 가늠해 볼 수 있는 저 실험을 해 보시라고 제안하고 싶다. 흥미롭지 않은가. 그들의 지적 수준을 재빠르게 알아내는 지름

길이기도 하다. 어쩌면 돈이 생각보다 많이 들지도 모르겠지만.

"지성의 모독 따윈 별로 중요하지 않아요. 광고주들은 제품을 팔아야 한다구요."라는 식으로 여러분이 말할지도 모르겠다. 그러나 평범한 사람의 지성은 중요하지 않다고 생각하는 것은 매우 위험한 것이다. 설령 그렇다고 하더라도 지금과 같은 방식으로 다뤄지면 안 되는 것이다.

신문 기자들이나 논설위원 중 상당수는 자신들보다 대중이 더 우둔하다고, 그래서 자신들이 이해하지 못하는 건 대중도 이해하지 못할 것이라고 가정한다. 음, 그건 웃기는 일이다. 그들이 평범한 사람보다 더 우둔하다는 말이 아니라 어떤 면에 있어서는 다른 사람들보다 그들이 더 모를 수 있다는 말이다. 기자가 내게 어떤 과학적인 내용에 대해 "그건 어떤 아이디어입니까?" 하고 물을 때, 나는 옆 집 사람에게 설명하듯이 쉬운 말로 설명해 준다. 그러나 많은 경우 그 기자는 내 말을 잘 이해하지 못한다. 다른 배경에서 자랐으니까 충분히 있을 수 있는 일이다. 그는 세탁기를 고치지도 못하며 모터가 무엇인지도 모른다. 다시 말해, 기술에 대한 경험을 별로 가지고 있지 않다는 얘기다. 반면 세상에는 공학자들이 많다. 기계적인 마인드를 가진 사람도 많다. 예를 들어 과학 분야에서 그 기자보다 똑똑한 사람은 얼마든지 많다. 그러므로 내용을 이해했든 그렇지 못했든, 정확하고 정해진 방식 그대로 보도하는 것이 그의 의무다. 경제든 뭐든 다른 분야도 마찬가지다.

기자들은 자신이 국제 무역에 대한 복잡한 문제를 이해하지 못한다는 사실은 인정하면서도 전문가가 하는 얘기를 거의 고치지 않고 그대로 보도한다. 하지만 과학에 대해 보도할 때면, 무슨 이유에선지 자신의 머리를 가볍게 두드리며 멍청이인 자신이 이해하지 못하기 때문에 멍청한 대중도 이해하지 못할 거라고 멍청한 내게 설명한다. 하지만 그런 내용을 이해할 수 있는 사람이 있다는 걸 나는 잘 알고 있다.

신문을 읽는 독자 모두가 그 신문에 있는 모든 기사를 다 이해할 수 있어야 하는 건 아니지 않은가. 일부 사람들은 과학에 관심이 없다. 하지만 어떤 사람들은 깊은 관심을 가지고 있다. 과학을 제대로 보도한다면 최소한 깊은 관심을 가진 사람들만이라도 저 7톤의 무게가 나가는 기계에서 나온 원자 폭탄이 사용되었다는 것 말고, 그 진짜 내용이 무엇인지 제대로 이해할 수 있게 되지 않았을까? 나는 신문에 있는 기사들을 다 읽지는 않는다. 무슨 의미인지 다 알 수는 없기 때문이다. 7톤의 무게가 나간다는 것만으론 그게 어떤 종류의 기계인지 모르겠다. 또 현재 62가지 종류의 입자들이 있는데, 나는 그 기자가 원자 폭탄이라고 했을 때 어떤 걸 언급하는 건지도 알고 싶다.

통계적으로 적절한 표본을 구성하고 이런 방식으로 사람들의 특징을 결정하는 것은 모두 아주 중요한 문제이다. 꾸준히 발전하곤 있지만 매우 흔히 사용되기 때문에 매번 무척 조심스러워야 한다. 사람을 뽑을 때에도 사용되며, 사람들을 테스트할 때나 결혼 상담을 할 때도 쓰인다. 대학교에서 학생을 뽑을 때도 쓰이는데, 나는 이 방식에 동의하지 않지만 이에 대한 주장은 지금 밝히진 않도록 하겠다. 칼텍Caltech에 누구를 입학시킬지 결정하는 사람들에게 이 얘기를 먼저 하고 논쟁을 충분히 한 후에 다시 돌아와서 얘기를 더 할 생각이다. 이 문제에는 표본 선택의 어려움 말고도 다른 심각한 측면들이 존재한다. 측정할 수 있는 양들만 기준으로 사용하는 경향이 있다는 점이다. 즉, 그 사람의 정신, 세상에 대해 그 사람이 느끼는 방식 등은 측정하기가 힘들다. 이를 보안하기 위해 면접을 보기도 한다. 그러면 좀 더 좋아지게 된다. 하지만 인터뷰하는 데 필요한 시간을 줄이고 대신 시험을 더 많이 보면 훨씬 더 편하기 때문에, 결과적으로 측정될 수 있는 것들만 – 사실 그들이 측정할 수 있다고 생각하는 것들만 – 중요한 요인으로 작용하게 된다. 그러다보면 여러 좋은 항목들이 제외되어 훌륭한 학생들을 놓치는 경우가 발생하게 된다. 이것은 매우 위험한 상황이며 따라서 매우 조심스럽게 학생을 평가해야 한다.

잡지에 흔히 나오는 결혼에 관한 질문들, "당신은 남편과 잘 지내고 있습니까?"와 같은 질문은 정말 우스꽝스럽기 짝이 없다. 보통 이런 식이다: "이 설문지는 1천 쌍의 커플을 상대로 조사되었습니다." 그러면 그들의 대답들 사이에서 당신의 대답이 어디에 위치하고 있는지를 파악해 당신의 결혼 생활이 행복한지 아닌지 판단할 수 있다는 것이다. "그에게 침대에서 아침식사를 준 적 있나요?" 같은 질문들을 여러 개 만들어 놓고, 이 설문지를 천 쌍의 커플들에게 나누어 주는 것이다. 여러분은 다른 방법을 통해 그들이 행복한 결혼 생활을 하고 있는지 아닌지를 독립적으로 알아내야 한다. 그래서 (독립적으로 알아낸) 행복한 결혼 생활을 하는 커플들의 대답이 어떤 것인지, 당신과는 얼마나 다른지 확인해야 좋은 방법일 것이다. 하지만 신경 쓰지 말자. 테스트가 완벽하다고 해도 바뀌는 건 하나도 없다. 문제는 이 부분에 있는 게 아니니까. 그러고 나서 그들은 이런 식이다. 행복한 사람들 모두의 대답을 확인한다. 침대에서의 아침식사에 대해 어떻게 대답했나, 이것에 관해선 어떻게 답했나, 저것에 관해선 어떻게 답했나? 오른쪽과 왼쪽 사이에서 선택을 해야만 하는 쥐 실험과 정확히 같은 상황임을 알 수 있다. 그들은 모든 가능성에 대해 하나의 표본만으로 결정하는 것이다.

이 설문조사를 정직하게 하려면, 그들은 어떻게 점수를 매기는지 이미 정확하게 알게 된 테스트를 사용해야 한다. 그들은 설문결과를 바탕으로 테스트의 대상인 천 쌍의 커플 중에서 행복한 커플들은 높은 점수를 얻고 행복하지 않다면 낮은 점수를 받도록 짜여진 설문지를 만들고, 이제 그 설문조사를 다른 표본을 통해 테스트해 봐야 한다. 테스트할 때에는 처음 그들이 매겼던 점수는 표본으로 사용할 수 없다. 그렇게 하면 결과는 뻔히 잘 나올 테니까. 독립적으로 또 다른 천 쌍의 커플들에게 테스트해서 정말로 행복한 커플들이 높은 점수를 받는지 아닌지 확인해 봐야 한다. 그러나 잡지사들은 대개 그렇게 하지 않는데, 그것은 우선 그렇게 하기가 너무 힘들고, 아마도 몇 번 시도는 해 보았겠지만 그 테스트 결과가 별로 신통치 않았던 것임에 틀림없다.

세상에 모든 비과학적이며 이상한 것들이 만들어 내는 문제점들을 가만히 들여다보면, 그 중 많은 것들이 미처 생각하기 어려운 문제들과 관련된 것이 아니라 그저 부족한 정보 때문이라는 걸 알 수 있다. 점성술을 믿는 사람들이 많다. 분명 이곳에도 많이 있을 것이다. 점성술사들은 치과에 가는 일에도 다른 날보다 더 좋은 날이 있다고 말한다. 만약 당신이 몇 월, 며칠, 몇 시에 태어났다면, 당신이 비행기를 타기에 더 좋은 날들이 있다고 말한다. 그리고 이 모든 것들은 별들의 위치에 따라 아주 세심하게 결정된다고 말한다. 그게 만약 사실이라면, 세상은 아주 흥미로울 것이다. 사람들이 비행기에 타게 될 때 보험에 들 가능성이 높기 때문에, 보험 회사 직원들은 점성술의 법칙에 따라 사람들의 보험료를 바꾸는 데 아주 관심이 많을 것이다. 그러나 그들은 점성술사들이 가면 안 좋은 날에 간 사람들이 더 잘못될 가능성이 높은지 테스트해 본 적이 없다. 오늘이 장사하기에 좋은 날인지 나쁜 날인지 하는 문제도 아직 해결되지 않았다. 그럼 도대체 뭐를 해 본 거지?

그렇다, 그래도 어쩌면 점성술이 사실일 수 있다. 하지만 그게 옳지 않음을 지적하는 정보는 정말 많다. 사물들이 어떻게 작동하고, 사람들은 어떤 존재이고, 세상은 또 무엇인지, 별들은 무엇이고, 여러분이 쳐다보고 있는 행성들은 무엇인지, 무엇이 그들을 그렇게 회전하게 만들었는지에 대해, 우리는 아주 많은 지식을 가지고 있다. 다음 이천 년 동안 그 별들이 어디에 있을지 하늘을 쳐다보지 않고도 정확히 알아맞힐 수 있을 정도로 우리는 그것들에 대해 잘 알고 있다. 게다가 아주 자세히 들여다보면 점성술사들의 말이 서로 일치하지 않는다는 걸 알 수 있다. 그렇다면 어떻게 해야 할까? 그거 믿지 말자! 그게 옳다는 증거가 전혀 없다. 순전히 말도 안 되는 넌센스nonsense일 뿐이다. 그걸 믿는 것이 정당하던 유일한 시기는 별들과 이 세상과 나머지 것들에 대한 정보가 턱없이 부족하던 시절뿐이었다. 점성술이 사실이라면 진짜로 존재하는 다른 현상들을 감안했을 때 정말 놀라운 일일 것이며 실질적인 실험, 실제 시험을 통해 누군가가 이를 증명하고, 이를 믿는 사람들과 믿지 않는 사람들을 택해서 시험을 했을 것이다. 그러나 그렇게 하지 않는다면 그들 말을 들어 봤자 배울 게 하나도 없다.

덧붙이자면, 과학의 초창기에는 이와 비슷한 실험들을 실제로 했었다. 꽤 흥미로운 일이었는데, 마치 이런 실험을 통해서 산소를 발견했던 것처럼 선교사들은 배가 난파됐을 때 바다에 빠져 죽을 가능성이 더 낮은지 측정하는 실험을 하기도 했다. 바보같이 들리겠지만 - 이를 시험하는 데 두려움을 가지고 있기 때문에 바보같이 들리는 것일 게다 - 선교사들처럼 착하고 기도를 많이 하는 사람들은 다른 사람들에 비해 그들이 탄 배가 난파될 가능성이 더 낮은지, 그리고 선교를 하러 먼 나라로 떠나갈 때 그들이 탄 난파선에서 다른 사람들보다 물에 빠져 죽을 가능성이 더 낮은지 측정해 보았던 것이다. 결과는 '선교사라고 해서 크게 차이는 없다'는 것이었다. 그제서야 많은 사람들이 기도로 난파 확률에 변화가 생기지 않는다는 사실을 믿게 됐다.

라디오를 켜 보면 - 여기 워싱턴 주에서는 어떤지 모르겠지만 아마 같을 것으로 생각된다 - 캘리포니아에서는 다양한 신앙 요법을 전하는 사람들이 나온다. 텔레비전에서도 본 적이 있다. 이게 왜 우스꽝스런 주장인지 이렇게 설명해야 한다는 사실 자체가 나를 기운 빠지게 하는 것이지만 아무래도 해야 할 것 같다. 사실 소위 크리스천 사이언스Christian Science라고 불리는 신앙 요법에 근거해 꽤 상당한 위치에까지 이른 종교도 있다. 만약 그들의 말이 옳다면 몇 명의 케이스에 의해서가 아니라 질병을 고치는 다른 모든 방법에 적용돼 새로운 진료와 훌륭한 치료 방법이 확립될 수 있을 것이다.

만약 여러분이 신앙 요법을 믿는다면 다른 치료법들을 기피하는 경향이 생긴다. 어쩌면 의사를 찾아가는 데 조금 더 오랜 시간이 걸

리게 될 지도 모른다. 어떤 사람들은 신앙 요법에 대한 믿음 때문에 의사를 찾는 데 아주 오랜 시간이 걸릴지도 모른다. 그런데 이 신앙 요법이 별로 좋지 않은 것일 가능성도 있다. 우리가 확신할 수는 없지만, 별로 좋지 않을 가능성도 있는 것이다. 그러므로 신앙 요법을 믿는 데에는 어느 정도 위험이 따르며, 점성술처럼 믿든 말든 별 차이가 없는 것과는 크게 다르다. 그렇게 단순한 문제가 아닌 것이다. 점성술을 믿는 사람들은 어떤 일을 정해진 날에만 해야 하기 때문에 그저 좀 불편할 뿐이다. 나는 신앙 요법이 진실인지 알고 싶다. 이를 위해 면밀히 조사를 해 봐야 한다. 모든 사람은 알 권리가 있다. 그리스도의 치료 능력을 믿음으로써 상처를 입게 되는 사람이 더 많은지 도움을 얻게 되는 사람이 더 많은지, 혹은 신앙 요법으로 인해 치료가 되는 경우가 더 많은지 상처를 입게 되는 경우가 더 많은지 따져봐야 한다. 어느 쪽이든 가능성은 열려 있다. 조사를 해 봐야 답을 알 수 있다. 조사 없이 사람들이 믿도록 내버려 두면 위험하다.

　라디오에는 신앙 치료자만 있을 뿐만 아니라, 성경을 이용해서 미래에 일어날 여러 현상들을 예측하는 라디오 종교인들도 있다. 어느 날 꿈에서 신을 만나 그의 종교 집단을 위한 특별한 계시를 받은 사람의 얘기를 호기심을 갖고 들은 적이 있다. 음, 이 얼마나 비과학적인 시대인가…. 그렇지만 이 경우엔 어떻게 문제를 해결해야 할지 모르겠다. 어떤 사고방식을 통해 그것이 어리석은 얘기란 걸 증명할 수 있을지 모르겠다. 내 생각엔 '세상이 얼마나 복잡하며 그런 일이 일어날 가능성이 얼마나 희박한지에 대해' 일반적으로 이해가 부족하기 때문인 것 같다. 하지만 아주 면밀히 조사해 보기 전엔 나 역시도 이것을 반증할 순 없는 일이다. 어쩌면 그들에게 계속해서 '그게 사실인지 어떻게 아는가?' 와 '어쩌면 당신들이 틀릴 수도 있다는 점을 기억하라' 고 말하는 게 고작일 것 같다. 어쨌든 그 정도만 기억해도 여러분들이 라디오 종교 단체에 많은 돈을 보내는 일은 막을 수 있을 것이다.

세상에는 그저 사람들의 전체적인 우둔함으로 인해 어쩔 수 없이 발생하는 현상들도 있다. 우리들은 모두 바보 같은 행동을 할 때가 있다. 어떤 사람들은 좀 더 많이 바보 같은 짓을 하기도 하지만, 누가 더 많이 하는지 따져 보려고 노력할 필요는 없을 것 같다. 정부의 규제로 이 우둔함을 막으려 했던 적도 있지만, 이것도 100퍼센트 통하는 건 아니다.

예를 들면, 나는 땅을 사려고 사막 지역을 방문한 적이 있다. 업자들이 새로운 도시가 건설될 거라고 하면서 땅을 마구 팔곤 한다는 사실을 알고 있는지 모르겠지만, 이것은 매우 흥분되는 일이며 때론 경이롭기까지 하다. 여러분도 한번 가 봐야 한다. 사막 한가운데 아무 것도 없이 여기저기 땅에 숫자가 적힌 깃발들과 길 이름이 적힌 표지판들만 꽂혀있는 걸 상상해 보시라. 여러분은 차를 타고 사막을 가로질러

운전하면서 '4가街는 여기에 있고 내가 가지게 될 369번 부지는 여기가 되겠지' 하며 상상해 보는 거다. 그곳에서 모래를 걷어차며 세일즈맨과 얘기를 하기도 한다. 그는 내게 왜 모퉁이 부지를 갖는 게 유리한지, 또 앞으로 놓이게 될 자동차 도로로 인해 이곳이 얼마나 편하게 될 것인지에 대해 열심히 설명한다. 더 나쁜 상황은 여러분이 믿거나 말거나이지만, 있지도 않은 해변 클럽에 대해 얘기를 하며 그 클럽은 저 바닷가에 생길 예정이고 클럽 회원의 약정은 어떻게 되며 친구는 몇 명까지 데리고 올 수 있는지에 대해 허허벌판에서 논의하는 것이다. 정말 이런 경우가 있다. 나도 그런 상황에 처한 적이 있으니까.

그래서 땅을 사게 되는 경우에 주 정부가 여러분을 돕기 위해 얼마나 노력하고 있음을 깨닫게 된다. 주 법규에 따라 땅을 파는 사람은 여러분에게 여러분이 사게 될 땅과 관련된 정보를 읽도록 건네줘야 한다. 그걸 받아 보면 '이것은 캘리포니아 주의 다른 부동산 거래와 무척 흡사하며' 등의 내용이 적혀 있다. 다른 내용도 잔뜩 있지만, 그 중에서 나는 업자들이 이 지역에 5만 명이 살게 될 것이라고 말했지만, 5천 명 이상을 수용할 만큼 수자원이 풍부하지 않다는 대목을 읽게 된다. 정확히 몇 명인지는 잘 기억나지 않으니, 비방죄로 고소당하기 전에 말하지 않는 편이 나을 듯 싶다. 하지만 5만 명에 비하면 훨씬 적은 수다. 물론 그들도 그 내용이 적혀 있다는 사실을 알고 있으니까, 멀리 떨어진 다른 지역에서 물을 찾았기 때문에 이제 펌프로 끌어오면 될 거라고 응수했다. 그러면서 내가 물어봤을 땐 조심스럽게 '이건 최근에 발견된 것이라서 아직 주정부 책자에 넣을 시간이 없었다'고 덧붙이기도 했다. 음….

동일한 내용에 대해 다른 예를 들어 보겠다. 아틀랜틱 시티 Atlantic City(미국 북동부에 있는 카지노 도시)에 갔을 때 일이다. 어떤 가게에 들어갔는데, 사람들은 그곳에서 어떤 사람이 말하는 걸 열심히 듣고 있었다. 그 사람은 말을 아주 재미있게 잘했다. 음식에 대해 많이 알고 있었는데, 영양가에 대해 한참 얘길 하고 있었다. 그가 말한 내용 중에 중요한 몇 가지가 기억난다. 그는 "벌레들조차도 밀가루는 먹지 않아요."와 같은 말을 했다. 좋은 내용이었고 재미도 있었다. 벌레들이 밀가루를 먹지 않는다는 것은 맞는 말은 아니지만, 단백질에 관한 언급 등 전반적으로 내용이 좋았다.

그러고 나서 그는 연방 순 식품 및 의약품 조항Federal Pure Food and Drug Act(육류나 가공식품, 의약품과 독극물에 이르기까지 생산이나 판매, 운송을 규제하기 위해 1906년에 제정된 법률이다. 미 식품의약품청FDA, Food and Drug Administration이 출범하게 된 계기가 되었다.)이 우리를 어떻게 보호해 주는지 설명했다. '여러 가지 미네랄이 함유된 건강식품의 병엔 그 안에 정확히 뭐가 들었는지, 어떤 작용을 하는지가 적힌 라벨이 있어야 하며, 모든 주요 사항들은 반드시 명시돼 있어, 만약 잘못 되었다면 어쩌구 저쩌구….' 하는 말을 했다. 그가 말을 마쳤을 때 나는 '저 사람 어떻게 돈을 벌려고 하지?' 하고 생각했다. 그는 마침내 갈색 병에 담긴 특별한 건강식품을 판다고 하면서, 그런데 우연히도 방금 막 들어와서 바빴기 때문에 라벨을 붙일 시간이 없었다고 말했다. 그러니까 여기 병에 붙여야 할 라벨이 있고 병도 있는데, 지금 급하게 팔아야 하니까 병을 주면 각자 알아서 라벨을 병에 붙이면 된다는 식이었다. 그 사람 참 배짱 한번 두둑했다. 그는 우리가 뭘 주의해야 할지, 어떤 걸 먹어야 할지를 한참을 설명한 다음에, 결국 그런 짓을 저지르고 있었던 것이다.

　이와 비슷한 식의 강연을 나도 한 적이 있음을 고백해야 할 것 같다. 바로 나의 지난 두 번째 존 댄스 강연이 바로 그것이다. 첫 부분에서 나는 비과학적인 것들에 대해 신랄하게 지적했고 세상의 많은 일들은, 특히 정치적인 일들은 매우 불확실하다고 얘기하면서 냉전 상태에 있는 소련과 미국의 문제에 대해 언급했다. 그런데 언제부턴가 강연이 진행되면서 약간의 눈속임에 의해 '우리는 착한 편, 그들은 나쁜 편'인 것처럼 묘사하고 말았다. 처음 시작할 땐 그 둘 중 어느 편이 더 좋은지 결정할 수 있는 명확한 방법이 없다고 말했다. 사실, 그게 그 강의의 요점이었다. 그러니까 나는 불확실성 가운데 일종의 마술처럼 확실성을 만들어 내고 만 것이다. 라벨이 붙은 병에 대해 한참을 얘기하고 나서는 마지막에 가서는 라벨을 붙이지 않은 병을 꺼내고 만 것이다.

어찌하여 그렇게 된 것일까? 이 문제에 대해선 조금 더 생각해 봐야 된다. 모든 것이 불확실한 상황에서 우리가 확신할 수 있는 단 한 가지는 불확실하다는 사실뿐이다. 어떤 이는 "아니에요. 어쩌면 저는 확실할 수도 있을 것 같아요."라고 말하고 싶겠지만, 실상 바로 그 강의에서 가장 중요한 '비밀 장치', 그러니까 모든 내용 중에서 가장 약점이면서 동시에 앞으로 더 발전시켜 연구해야 할 사항은 바로 다음과 같다: 나는 열린 통로를 갖는 게 좋다는 아이디어를 열렬히 지지한다. 불확실성의 가치를 인정하고 지금 만들어 낸 해결책을 섣불리 선택하기보다는 더 나은 새로운 해결책을 발견해 낼 수 있는 열린 통로를 갖추게 된다면, 지금 어떤 선택을 하든 간에 다른 방법을 기다렸다가 문제를 푸는 경우보다 훨씬 나쁠 것이다. 바로 그 대목에서 나는 일종의 선택을 했던 건데, 그 선택에 대한 확신이 없었던 모양이다. 이제 고백하고 나니 속이 시원하다. 이제 다들 노벨상 수상자에 대한 '권위'가 조금은 무너지지 않았나?

정보 부족으로 생긴 여러 문제들 중에서 점성술보다 더 심각한 현상들도 있다. 이번 강의를 준비하면서 나는 우리 동네 쇼핑센터 근처에 있는 알타디나 미국주의 센터Altadena Americanism Center를 알게 됐다(Altadena, 파인만의 집이 있던 도시: 옮긴이). 건물 앞면에 깃발을 달아 놓은 이 센터의 정체가 궁금해서 그 안에 들어가 살펴보니 일종의 자원 봉사 단체처럼 보였다. 센터 입구에는 미 헌법과 권리 장전에서 보장하는 권리를 유지하기 위해서 활동한다는 단체의 설립 목적을 설명한 편지가 전시돼 있었다. 일반적인 원칙은 그런 것이었지만, 그들이 거기서 주로 하는 일은 일종의 '교육' 이었다. 그곳에서 시민권과 같은 개념들을 설명하는 책을 살 수 있었고 그런 책들 사이에는 의회 기록이나 의회 조사에 대한 소책자도 끼어 있었다. 이런 문제에 관심이 많거나 관련 연구자들에게 유익한 책들이 많이 전시돼 있었다. 밤에는 스터디 그룹 활동도 있었다. 인권 문제에 관심이 많은 나는 이 주제에 대해 공부해 보고 싶어서 남부 지역에서 흑인들의 투표권 문제를 다룬 책을 하나 달라고 했다. 그랬더니 없다는 것이었다. 아니, 있기는 했다. 나중에 다른 책을 뒤지다가 우연히 내가 발견한 것이다. 그중 하나는 미시시피에서 벌어진 사건에 대한 옥스퍼드 시 조상들의 진술을 다룬 책이었고, 다른 하나는 '유색인종과 공산주의의 진보를 위한 국립 단체' 라는 제목의 소책자였다.

나는 이곳에서 무슨 일이 벌어지고 있는지 궁금해서 거기서 일하는 한 여성과 이런저런 얘기를 나눴다. 우리는 즐겁게 이야기를 나누다가 그녀는 자신이 버치당Birch Society(미국 극우 정치 조직 John Birch Society를 의미함. 초보수주의, 극우 반공주의: 옮긴이) 당원은 아니지만, 존 버치에 대한 영화를 본 적이 있어 버치당에 대해 소개를 해 주고 싶다고 말했다. 버치당원이라면 중립적으로 소개해 주진 못 할 거라고 하면서 말이다. 최소한 당신은 당신이 지지하는 것이 무엇인지 잘 알고 있고 원하지 않으면 꼭 가입하진 않아도 된다고 했다. 그는 버치 씨가 무슨 얘기를 했는지, 그리고 버치당은 어떤 활동을 하는지 소개했다. 이것에 믿음이 간다면 가입을 하고 그렇지 않으면 가입하지 않아도 좋다고 말했다. 그런 게 권력이 없을 땐 잘 돌아간다. 하지만 권력을 얻으면 상황은 완전히 달라진다. 그녀에게 내가 말하는 자유는 그런 종류가 아니며 어떤 단체든 토의에 대한 가능성을 항상 열어놓아야 한다고 설명해 주었다. 이 방향 혹은 저 방향으로 무모하게 나가기보다는 중립을 지키는 것은 어려우면서도 아주 중요한 것이다. 중립을 지키고 서 있는 것보다는 행동을 보여 주는 게 단순히 더 낫지 않냐고? 어떤 방향으로 가야할지 모르는 경우라면 그렇지 않다는 것이 내 생각이다.

그래서 나는 그곳에 있는 책들 중에서 두 권을 아무렇게나 골라 구입했다. 첫 번째 것은 '댄 스뭇 보고서The Dan Smoot Report' 라는 멋진 제목의 책인데, 미 헌법과 지금 내가 개략적으로 짚어 볼 일반적인 아이디어들에 대한 내용이 담겨있다. 이 책에 따르면, 헌법은 처음에 쓰인 그대로가 올바른 것이었다. 그 다음에 수정한 모든 내용은 단순히 실수를 교정하는 수준이었다는 것이 저자의 생각이다. 원리주의자들이 쓴 책인 모양인데, 성경 대신 헌법이라는 말만 바뀌었을 뿐 다른 것은 기독교 원리주의자들과 다를 바가 없었다.

그 다음엔 의회 의원들에 대해 그들이 투표를 어떻게 했느냐에 따라 등급을 매긴다. 그들의 생각을 설명한 후, 그 책엔 정확하게 다음과 같이 적혀 있었다: "헌법에 대해 찬성을 했는가 반대를 했는가에 따라 하원의원과 상원의원에 대해 등급을 매기면 다음과 같다." 이 등급은 하나의 견해가 아니라 '사실에 근거한' 것이라는 언급이 눈길을 끌었다. 투표 기록에 의한 것이니까 사실에 근거했다는 뜻이리라. 의견은 전혀 포함되어 있지 않으며, 투표 기록에 근거한 것이므로 각 항목에 대해서도 헌법에 부합되는지 아닌지 둘 중 하나로 판단할 수 있다. 예를 들어 노인 의료보험을 지지했다면 그것은 당연히 헌법과 부합되는 것이다. 그러나 나는 그들이 자기 자신들의 원리를 명백히 위반하고 있다는 사실을 지적하고 싶다. 헌법에 따르면 투표는 존재해야 한다. 어떤 것이 옳고 어떤 것이 그른지는 자동적으로 결정할 수 있는 것이 아니다. 만약 그 일이 가능하다면 투표를 하기 위해 상원의회를 만들 필요도 없었을 게다. 투표라는 제도는 어떤 방향으로 나아가야 할지 결정을 하는 데 쓰여야 한다. 따라서 '사실에 근거해' 상황을 앞서 결정하는 능력은 누구도 가지고 있지 않다. 즉, 그들이 한 행동은 헌법에 위배되는 것이었던 셈이다.

늘 시작은 좋다. 사랑과 선, 예수가 나오고 두려운 적이 등장하기 전까지 자신들의 논리를 계속 발전시킨다. 그리곤 처음 출발할 때 아이디어를 잊어버린다. 때론 자신의 입장을 완전히 뒤집어서 처음과 정반대편에 서고 만다. 내 생각엔 이런 일을 처음 시작한 사람들, 특히 알타디나에 있는 자원 봉사자들은 처음엔 선한 마음을 갖고 헌법에 대한 약간의 이해를 바탕으로 출발했지만 일이 진행되고 점점 복잡해지면서 그 안에서 길을 잃어버린 것 같다. 어떻게 그렇게 되었는지는 잘 모르겠고, 그렇게 되지 않으려면 어떻게 해야 하는지도 잘 모르겠지만 말이다.

나는 그 단체에 대해 좀 더 파고들어서 '스터디 그룹'이 뭘 하는 것인지 알아냈는데, 여러분이 괜찮다면 얘기를 해 드리겠다. 그 사람들은 내게 몇 장의 종이를 나눠 주었다. 방 안엔 의자들이 많이 있었고 그 사람들은 내게 그날 저녁 스터디 그룹이 있을 거라며 공부하게 될 내용에 대해 말을 해 주었다. 그래서 그 자리에서 종이에 조금 옮겨 적어보았다. 'S.P.X. 연구회'와 관련이 있는 내용이었다. 'S.P.X. 연구회'는 1943년 당시 미군에서 일하던 정보 요원들 사이에서 소련의 '미발동 10번째 전쟁 원리'에 대한 전문적인 관심이 늘어나면서 설립된   모임이다. '마비. 적을 보시오. 미발동.' 신비롭고 무섭다. 군사 명령 체계에 있는 비밀스런 사람들은 옛 로마 군대 때부터 일종의 전쟁 원리란 걸 가지고 있었다. 1번, 2번, 3번. 이것은 그중 10번에 해당된다. 우리는 7번이 무엇인지 알 필요도 없다. 10번째 전쟁 원리라니, 이토록 여러 번 미발동된 전쟁 원리가 있다는 생각 자체부터가 내겐 우스꽝스럽게 들렸다.

그렇다면 '마비의 원리'란 무엇인가? 그 아이디어를 어떻게 사용하겠단 말인지? 이제 도깨비가 하나 만들어진 것이다. 이 도깨비를 어떻게 사용할까? 다음과 같이 사용할 수 있을 것이다. 이것은 미국인들의 저항력을 마비시키려는 소련의 모든 압력과 관련해서 필요한 교육을 제공하는 프로그램이다. 농업, 예술, 문화, 교역, 과학, 교육, 정보 매체, 재정, 경제, 정부, 노동, 사법, 약학과 군대나 종교와 같은 가장 민감한 부분들도 포함돼 있다. 다시 말해, 당신과 의견이 다른 사람들에게 대해 '10번째 전쟁 원리의 신비한 힘에 의해 마비되었다' 는 식의 마녀사냥이 가능한 간편한 시스템을 갖게 된 것이다.

이것은 일종의 망상paranoia과 유사한 증상이다. 10번째 원리를 반증하는 것은 불가능하다. 그들이 일종의 균형 감각, 즉 세상을 이해하는 균형 감각을 잃어버렸다는 사실을 알아차리고, "세계 정복의 도구"라고 부르는 대법원마저 10번째 원리에 의해 마비되는 일이 벌어지기 전까지 모든 것은 마비될 수 있다. 이것이 얼마나 두려운 일인지 짐작할 수 있을 것이다. 허상으로 만들어진 이 힘이 가진 무시무시한 위력은 여러 예를 통해 증명되고 있다.

다음 부부를 보면 망상증이 어떤 건지 알 수 있다. 어떤 여성이 매우 신경질적이다. 그녀는 남편이 자신에게 문제를 일으키려고 노력하고 있다고 의심하기 시작한다. 그래서 남편을 집 안으로 안 들여보낸다. 남편은 집 안으로 들어오려고 시도하다가, 그녀에게 '문제를 일으키려고 노력하는 것처럼 보이고' 만다. 그는 자신의 친구에게 그녀와 대화를 해 달라고 부탁한다. 친구 사이임을 아는 그녀는 이미 의심의 눈초리로 모든 것을 판단하고 마음속에선 공포와 두려움이 더욱 커진다. 이웃들이 그녀를 안심시켜 주러 잠시 찾아온다. 그러는 동안 꽤 괜찮아지는가 싶더니, 그들이 집으로 돌아가고 남편의 친구가 이웃 주민들을 방문한다. 이제 그녀가 보기에 주민들 역시 자신에 대한 잘못된 정보로 이미 오염이 됐으며 그녀가 얘기했던 모든 안 좋은 말들을 남편에게 일러바칠 것이라고 믿는다. 아, 그녀는 어떤 말을 했던가! 이제 남편은 그 말들을 아내에게 불리한 방향으로 사용할 수 있는 것이다. 그녀는 경찰서에 전화를 건다. "나는 두려움에 떨고 있어요."라고 말하며 집 안에 갇혀 지낸다. 그러다가 누군가 그녀의 집에 들어오려고 한다. 경찰들이 와서 그녀와 얘기를 해 보고 집에 들어오려고 한 사람은 사실 아무도 없다는 걸 발견한다. 경찰들이 돌아가자, 아내는 남편이 시에서 중요한 인물이었다는 점을 상기한다. 그리고 남편의 친구가 경찰청에 있었다는 사실도 기억해 낸다. '경찰청은 이 큰 계획의 일부분일 뿐이야.' 다시 한 번 자신을 괴롭히려는 남편의 의도가 증명된 셈이라고 믿는다. 집 창문을 통해 바라보니 누군가가 길 건너 이웃집에 들어가는 것이 보인다. 무슨 얘기를 하는 걸까? 뒤뜰에서 수풀 위로 뭔가가 올라오는 듯하다. 망원경으로 나를 관찰하고 있구나! 나중에 그것은 막대기를 가지고 뒤뜰에서 놀던 아이들이었음이 밝혀지면서 아이들까지 이 소용돌이에 휘말린다. 이렇게 발전된 이야기는 걷잡을 수 없이 커져 결국 미국 사람들 전체가 관련된 거대한 음모가 되어 버린다. 그녀가 전화했던 변호사는 전에 남편 친구의 변호를 맡았었던 사람이다. 그녀를 자꾸 병원으로 오라고 하는 의사 역시 이제 분명 남편의 친구일 거야.

이 문제를 해결하는 유일한 방법은 균형 감각을 되찾고, 도시 전체가 그녀의 반대편에 선다는 사실이, 모든 사람들이 바보 같은 내 남편에게 그만큼 신경을 쓴다는 것이, 사람들 모두가 이런 사소한 일에 가담된다는 것이, 이렇게 전부 모든 것이 얽혀있다는 것이, 불가능하다고 생각하는 자세가 필요하다. 모든 이웃들도 모두 다 그녀의 적이라니, 뭔가 말이 되지 않는다. 그런데 말이 안 되는 얘기를 하는 사람에게 그것을 어떻게 설명할 수 있을까?

　이런 사람들은 늘 이런 식이다. 균형 감각을 잃은 것이다. 그래서 그들은 소련의 열 번째 전쟁 원리와 같은 것이 가능하다고 믿는 것이다. 내 생각에 이 무모한 게임에서 이기는 유일한 방법은 다음을 지적하는 것이다. 소련 사람들도 옳다. 병 위에 붙이는 라벨에 대해 열심히 얘기하던 약장수와 같이, 소련 사람들도 아주 영리하며 똑똑하다. 심지어 우리에게 무슨 일을 하는지도 얘기해 주니까. 연구회 사람들도 마비의 원칙을 사용하는 소련 사람들에게 고용된 것이다. 그들은 우리가 대법원과 농림부에 대한 믿음을 상실하고, 우리를 여러 방면에서 도와주는 과학자들 같은 사람들에 대한 믿음을 상실하고, 새로운 방법에 대한 믿음을 상실하길 바라고 있다. 그들은 이런 방법을 통해서 모든 사람들이 바라던 자유를, 헌법이 그토록 보장하고자 했던 자유를 침해하려는 것이다. 그렇게 조심스레 들어와서 모든 것을 마비시킬 것이다. 증거? 그들의 말대로 'S.P.X. 연구회'는 미국 법원에서 선서함으로써 제 10번 원리에 의해 미국 내에서 권위있는 단체로서의 자격을 부여받았다. 어디에서 그들은 이 모든 정보를 얻었을까? 한 군데 밖에 없었겠지. 바로 소련으로부터. 난 의사가 아니라서 쉽게 과대망상증이라고 하면 안 되겠지만, 이런 식의 과대망상증은 끔찍한 문제이며 인류와 개인에게 심각한 불행을 안겨 주었다.

그 유명한 시온Zion(예루살렘 성지의 언덕) 원로들의 의정서도 같은 종류의 다른 예이다. 이것은 가짜 문서였다. 나이 많은 유태인들과 시온의 지도자들이 함께 만나서 세계를 지배하기 위한 음모로 생각해 낸 모임이 만들어졌다. 국제은행International bankers, 국제 ○○ … 크고 위대하고 경이로운 장치가 만들어진 것이다! 그러나 도통 균형이 맞지 않는다. 그러나 사람들이 믿을 수 없을 정도로 균형이 맞지 않은 것은 아니었기에, 반유대주의의 발전에 큰 역할을 하게 된다.

이 모든 방면에서 내가 요구하는 것은 비굴하다 싶을 정도의 '정직함'이다. 난 정치적인 문제에서도 좀 더 확실한 정직함이 필요하다고 생각한다. 그렇게 하면 더 자유로워질 거란 것이 내 생각이다. 난 사람들이 정직하지 않다는 사실을 지적하고 싶다. 과학자들 역시 전혀 정직하지 못하다. 영 쓸모가 없다. 아무도 정직하지 않으니 말이다. 사람들은 보통 과학자들이 정직하다고 믿는다. 그래서 문제는 더 커진다. 정직함이라고 하는 것은 정확한 사실만 얘기하는 것을 의미하진 않는다. 전반적인 상황을 분명하게 말하는 것이 더 중요하다. 지적인 사람들이 결정을 내리는 데 필요한 모든 정보를 분명하게 전달해 주는 것을 의미한다.

예를 들어, 핵실험에 대한 논쟁에 있어 나 자신도 핵실험에 찬성하는지 반대하는지 잘 모르겠다. 양쪽 의견 모두 수긍이 가는 측면이 있다. 방사능 유출은 위험하다는 데 동의한다. 또한 전쟁이 일어나는 것은 아주 불행한 일이라는 데 동의하지만, 핵실험이 전쟁을 억제하는지 유발하는지 그 명확한 인과관계에 대해서는 잘 모르겠다. 핵무기를 준비하면 전쟁이 방지되는지, 아니면 준비가 없어야 전쟁이 방지되는지 모르겠다. 그래서 난 어느 편을 든다고 말하진 않겠다. 그런 이유에서 나는 이 문제에 관해서는 비굴할 정도로 정직할 수 있는 것이다.

방사능으로부터 오는 위험이 어느 정도인지에 대한 것도 중요한 문제다. 내 생각에는 핵실험으로 인한 가장 큰 위험은 미래에 미칠 영향에 관한 것들이다. 전쟁이 일어날 경우 발생할 수 있는 죽음과 방사능은 핵실험 때문에 생기는 것보다 수십 배 더 클 것이므로, 지금 생성되는 미량의 방사능 양은 전쟁이 미래에 끼칠 영향에 비하면 아무 것도 아니다. 그렇지만 그 양이 정확히 얼마만큼 미량인 것일까? 방사능은 몸에 좋지 않다. 방사능이 유발하는 긍정적인 효과는 아직 하나도 알려져 있지 않다. 따라서 대기 중에 방사능 양이 높으면 그만큼 해로운 것은 사실이다. 그렇다면 과학자들은 이 사실을 지적할 권리와 의무가 있다.

반면, 이것은 수치적인 문제이기도 하다. '어느 정도면 좋지 않은 것인가' 하는 질문으로 바꿀 수도 있기 때문이다. 간단한 계산을 통해 방사능으로 인해 앞으로 이천 년 간 천만 명이 죽게 될 것임을 증명할 수도 있다. 이것은 계산하기 나름인데, 앞으로 태어날 내 자손들을 생각한다면, 내가 차 앞으로 걸어 나가는 행동이 다음 만 년 간 일만 명을 죽이는 행동임을 증명할 수도 있다.

이렇듯 문제는 그 영향이 '얼마나' 큰가 하는 것이다. 여러분이 다음에 방사능 관련 강연을 들을 기회가 생긴다면 내가 지적할 질문들을 따져 보길 바란다. 나도 언젠가 방사능 강연을 들은 적이 있는데, 그때 몇 가지 질문을 했었다. 구체적인 대답이나 정확한 숫자는 지금은 잘 기억이 나진 않는다. 하지만 적어도 내가 했던 질문은 생각이 난다. 나는 이런 걸 물었다. 장소에 따라 일반적으로 변하는 만큼의 방사능 양의 변화에 비해 핵실험으로 인해 증가하는 방사능 양은 어느 정도인가? 나무로 지은 건물과 벽돌 건물에서 나오는 배경 방사능 양도 꽤 다를 텐데 말이다. 참고로 벽돌에 비해 나무는 적은 양의 방사능을 방출한다.

강연자의 답변은 핵실험에 의한 방사능 양의 증가가 벽돌과 나무 건물 간의 차이보다도 더 작다는 것이었다. 해수면을 중심으로 고도 5,000피트(약 1.5킬로미터) 차이로 인해 발생하는 방사능 양의 차이는 핵실험에서 생성되는 여분의 방사능보다 적어도 100배 이상 더 컸다.

이제 어떤 사람이 정말 정직하고 방사능의 영향으로부터 진정 인류를 구원하고 싶다면 사소한 숫자 말고 가장 큰 숫자에 대해 먼저 작업을 시작해야 하는 것 아닌가? 덴버 시에서 살면서 들이마시게 되는 방사능 양이 원자 폭탄으로부터 나오는 배경 방사능 양보다 100배 더 많다고 지적하고, 덴버에 사는 사람들 모두 저고도로 이사를 가야 한다고 주장해야 하는 것이 아닐까? 실제 상황은 정말 작은 양인 것이다. 여러분이 덴버 시에 살고 있더라도 전혀 겁먹을 필요 없다. 별 차이를 일으키지 못한다. 나는 핵실험의 영향이 저지대와 고지대에 사는 차이보다도 더 작다고 믿는다. 완전히 확실하지는 않다. 그러니 방사능이라는 이유만으로 핵실험을 그만두게 하는 것만큼이나, 벽돌 건물에 걸어 들어갈 때도 걱정을 하는 것이 옳은지, 방사능 전문가의 강연을 듣게 되면 꼭 질문을 해 주길 바란다. 정치적으로 나름의 견해를 가질 만한 여러 이유들이 있겠지만, 이건 좀 다른 문제이기 때문이다.

우리들은 과학적인 이슈들에 있어 정부의 일에 관련되는 경우가 종종 있는데, 그들은 여러 경로로 부정직한 모습을 보이곤 한다. 특히 다른 행성을 탐사하는 문제나 여러 우주 모험에 대해 보고하는 데 있어 부정직한 경우가 종종 발견된다. 일례로, 금성으로 떠난 마리너 2호 Mariner II의 항해를 들 수 있겠다. 지구의 작은 일부분을 마침내 4천만 마일(6천 4백만 킬로미터)이나 멀리 떨어진 곳으로 보낼 수 있다는 것은 기막히게 흥분되고 경이로운 일이다. 게다가 2만 마일 떨어져 있는 정도의 시계視界를 얻을 정도로 가깝게 접근할 수 있었다는 사실 또한 놀랍다. 그 일이 얼마나 흥미롭고 경이로운 것인지 설명하는 것은 쉽지 않은 일이다. 게다가 나는 이미 정해진 강연 시간을 넘겨버렸다.

마리너 2호가 금성을 향해 우주를 날아가고 있는 중에 발생한 사건들도 무척 흥미롭고 경이롭다. 갑자기 고장이 나고 건전지가 전력을 잃기도 했고 그로 인해 모든 것이 멈추려 하고 있었기 때문에 잠시 동안 모든 장치들을 꺼야만 했던 순간도 있었다. 한참이 지난 후에야 다시 전원을 켤 수 있었다. 장치의 어떤 부분이 가열되고 있었는지, 처음엔 하나가 작동을 안 하다가 그 다음엔 다른 것들도 작동을 하지 않게 되고, 전원을 껐다가 켜니까 그제야 다시 하나씩 작동하기 시작했던 일들은 그 자체로 '새로운 모험이 주는 흥분감'을 우리에게 제공했다. 마치 콜럼버스나 마젤란이 세계를 일주하면서 겪은 수많은 경험들처럼 말이다. 그들에게도 반란이 있었고, 심각한 문제들이 터졌고 난파가 되기도 했지만, 결국 모든 것을 성취하는 기쁨을 누렸다. 참으로 흥미로운 경험이다.

예를 들어 마리너의 일부 장치가 가열되었을 때, 신문에서는 '장치가 가열되고 있고 우리는 그 사실로부터 뭔가를 배우고 있다'고 썼다. 그때 우리는 무엇을 배우고 있었던 걸까? 사실 이미 모든 것을 알고 있었기에 딱히 새로 배울 것이 별로 없었던 것이 사실이다. 지구 주변에서 돌고 있는 인공위성은 태양으로부터 얼마만큼의 복사에너지를 받는지 알려 준다. 그러면 금성 근처에서 복사량이 어느 정도 될지 계산할 수 있다. 그건 정확하게 잘 알려진 '역제곱의 법칙'을 따르기 때문이다. 가까이 갈수록 빛은 더 강해지니까. 쉬운 문제다. 그러니까 온도가 알아서 조절되도록 흰색과 검은 색의 비율을 어느 정도 적절히 칠해야 할지 쉽게 계산할 수 있는 것이다.

이번 사건에서 우리가 유일하게 배운 것은 내부 장치가 갑작스럽게 가열된 원인이 발사 마감이 임박해 오면서 너무 급하게 마무리를 해 내부 장치에 어떤 변화가 생겼고 그로 인해 기존의 디자인된 것에 비해 내부 전력 소비가 늘어나 가열이 된 것이라는 사실 뿐이었다. 다시 말해, 우리가 배운 것은 과학적인 사실이 아니었다. 이런 장치는 급하게 제조해선 안 되며, 마지막에 결정을 바꾸지 않도록 세심해야 한다는 걸 배웠을 뿐이다. 기적에 가깝게, 마리너 2호가 금성에 다가갔을 때 모든 장치는 거의 제대로 작동했다. 이 우주비행선은 행성 주변을 스물 한 바퀴나 돌면서 텔레비전 화면처럼 금성을 바라볼 수 있게 해 주었고, 당초 기대한 횟수보다 3바퀴나 더 돌았다. 정말 좋았다. 기적 이었으며, 위대한 성과였다. 콜럼버스는 금과 향료를 찾아 떠났지만, 결국 금은 얻지 못했고 향료만 아주 약간 얻었다. 하지만 그것 이상의, 아주 중요하고 흥미로운 순간이었다. 마리너 역시 크고 중대한 과학적 정보를 얻기 위해 출발을 했지만, 과학에 대해선 그다지 많은 것을 얻지 못했다. 하나도 얻지 못했다는 표현이 더 정확하다. 음, 조금 있다. 이 말을 조금 정정하겠다. '실제적으로' 하나도 얻지 못했다. 그렇지만 멋지고 흥분되는 경험이었다. 미래에는 그런 여행으로부터 더 많은 정보를 얻을 것이다. 신문에서는 마리너가 금성의 둘레를 돌면서 구름 아래 표면의 온도가 800도라는 사실을 알아내었다고 얘기했다. 하지만 그 사실은 이미 알려져 있었다. 그 사실은 바로 지금이라도 팔로마 망원경(캘리포니아 주 남부에 위치한 팔로마 산에 있는 200인치 크기의 헤일 망원경: 옮긴이)을 사용해 지구에서 금성을 보며 측정을 하면 확인해 볼 수 있다. 이 얼마나 영리한가. 지구에서 바라보아도 같은 정보를 얻을 수 있으니 말이다. 이런 정보를 가지고 있는 내 친구의 방에는 수많은 등고선과 각 지역의 온도를 표시한 아름다운 금성의 지도가 붙어있다. 점들이 위 아래로 여기저기 자투리 조각처럼 흩어져 있는 것이 아니다. 아주 세밀한, 지구에서 바라본 지도다. 참, 새롭게 얻은 정보가 있긴 하다. 지구와는 다르게, 금성에는 자기장이 없다는 사실을 새로 알게 됐다. 이건 지구에서는 얻을 수 없는 정보였다.

지구에서부터 금성으로 가는 과정에서 새롭게 알게 된 정보들도 좀 있긴 하다. 하지만 만약 마리너가 금성에 다가가길 원하지 않는다면 내부에 궤도 변경을 위한 로켓 같은 여분의 장치가 없더라도 지구로 돌아올 수 있다는 사실을 지적할 필요가 있다. 그냥 지구에서 떠나보내기만 하면 된다. 좀 더 정교하게 제작된 장치들을 넣으면 좋지만, 정말 두 행성 간에 뭐가 있는지 알기를 원한다면 금성에 가서 무엇을 할 건지에 대해 그렇게 많은 준비를 할 필요가 없다. 가장 중요한 정보는 두 행성 간 공간에 관한 것인데, 그런 정보를 얻기 위해서는 행성에 갈 필요가 없는, 그래서 조종하는 데 복잡하기만 한 장치들은 빼고 꼭 필요한 장치만 장착해 다시 한 번 보내자.

또 다른 하나는 레인저Ranger 프로그램이다('레인저 프로그램'이란 달 표면을 관측하기 위해 1960년대 수행된 자동 우주 탐사계획: 옮긴이). 우주 탐사과정에서 문제가 생길 때마다 매번 신문에서 5개씩이나 작동하지 않았다는 기사를 읽으면 정말 화가 난다. 매번 뭔가를 배운다고 하면서 결국 프로그램을 중단시키고 만다. 정말 하찮은 걸 많이도 배운다. 누군가가 밸브를 잠그는 걸 깜빡 잊었다는 걸 배우기도 하고, 누군가 우주선 한 부분에 모래가 새어 들어가게 했다는 것도 배우기도 한다. 때론 뭔가를 배우기도 하지만, 실상 대부분은 우리의 산업계와 공학자들, 그리고 과학자들에게 뭔가 심각한 문제가 있다는 사실을 배우고, 또 우리의 계획이 이렇게 여러 번 실패하는 이유는 이성적으로 간단히 설명할 수 있는 게 아니라는 사실도 배우게 된다. 내가 아는 한 그렇게 여러 번 실패하지 않을 수도 있었다고 본다. 조직이나 행정, 기술, 그리고 장치를 만드는 과정. 이 모든 과정이 다 중요하다. 그리고 그 사실을 아는 것이 중요하다. 우리가 항상 무언가를 배우고 있다는 것만 아는 것으론 부족하다.

이건 조금 다른 얘긴데, 사람들은 왜 달에 가는 거냐고 내게 묻곤 한다. 그 이유는 과학적으로 대단한 모험이기 때문이다. 또 그 과정에서 부가적으로 기술적인 발전을 기대할 수 있기 때문이다. 달에 가려면 로켓을 포함해 여러 장치들을 만들어야 하고 그 과정에서 기술을 발전시키는 것은 매우 중요하다. 또 그런 과정은 과학자들을 매우 행복하게 만드는데, 어쩌면 그런 행복을 위해서라면 과학자들은 전쟁에 필요한 다른 일에 착수할 지도 모른다. 우주 공간을 군사적인 목적으로 이용하는 것도 그 중 한 가지 가능성이다. 어떻게 하면 그렇게 될지에 대해서는 나도 잘 모르고 아무도 정확히는 모르지만, 우주 공간이 군사적으로 사용될 가능성이 있는 것으로 판명이 날 가능성이 높다. 어쨌든, 군사적인 목적으로 지구에서 달까지 가는 장거리 비행 장치를 계속 개발한다면, 소련이 우리가 아직 알지 못하는 군사적인 방법을 사용하는 것을 미리 막을 수도 있을 것이다. 또 간접적으로 군사적인 도움을 줄 수도 있을 것이다. 즉, 더 큰 로켓을 만들면 달에 가는 대신 지구상의 어떤 지역이든 순식간에 날아갈 수 있으니까 말이다. 광고 효과 또한 쏠쏠한 것도 이유가 된다. 우리는 한때 상대국의 기술이 우리보다 앞서가도록 놔둠으로써 세계인들에게 체면을 구긴 적이 있었다(1957년 소련이 최초의 인공위성 '스푸트니크 1호'를 쏘아 올린 사건을 말함: 옮긴이). 다시 자존심을 살릴 수 있도록 노력하는 것은 좋은 일이다. 이런 이유들을 하나씩만 봐서는 달에 가야하는 충분한 이유가 되진 못한다. 그렇지만 그 모두를 합쳐 보면, 또 거기에다가 내가 미처 생각하지 못한 다른 이유들까지 더하면 달 탐사는 충분히 해 볼 만한 가치 있는 것이라고 나는 믿는다.

음, 이제 내 말의 뜻이 전달되었을 듯 싶다.

하고 싶은 얘기가 한 가지 더 있는데, 그건 '어떻게 새로운 아이디어를 얻는가?'에 대한 문제다. 이건 이곳에 모인 학생들에게 재미를 주기 위해서이다. 여러분은 어떻게 새로운 아이디어를 얻는가? 대부분은 '유추'를 통해서 얻게 되는데, 유추를 하다 보면 자주 큰 실수를 하게 된다. 비과학적이었던 과거를 들여다보며 그 안에서 어떤 특징을 찾고 지금 우리도 비슷한 특징을 가지고 있진 않은지 생각해 보는 시간은 우리에게 매우 재미있고 유익할 것 같다. 그러니까 재미삼아 한번 이 게임을 해보자.

먼저 마법 치료사들을 한번 보자. 마법 치료사는 아픈 사람들을 위한 치료법을 알고 있다고 주장한다. 그들은 환자들의 몸 안에서 나오고 싶어 하는 '영'들이 존재한다고 말한다. 계란을 사용해서 영을 몸

밖으로 내쫓을 수 있다고 말한다. 뱀가죽을 입고 나무껍질에서 키니네 quinine(말라리아 특효약)를 가져와 보시라. 키니네는 효과를 보일 것이다. 그러면 우리는 어떤 일이 벌어지는지에 대한 자신의 이론이 잘못되었다는 점은 깨닫지 못한다. 만약 내가 그 부족의 일원인데 몸이 아프다면 마법 치료사에게로 달려갈 것이다. 다른 누구보다도 그것에 관한 많은 지식과 경험을 가지고 있을 테니까. 하지만 난 그에게 당신은 지금 잘 모르면서 치료를 행하고 있는 것이라고, 나중에 사람들이 이 분야를 자유롭게 연구해서 지금처럼 복잡한 아이디어들을 다 제거하고 나면 지금보다 훨씬 더 좋고 그럴듯한 방법이 있다는 걸 알게 될 것이라고 말해 줄 것이다. 그렇다면 지금 이 시대의 마법 치료사는 과연 누구일까? 나는 정신분석가들과 심리치료사들이 그들이라고 믿는다. 다른 과학 분야에서 하나의 가설이 검증되어 그럴듯한 이론으로 발전해 나가는 데 얼마나 오랜 시간이 걸렸는지를 고려해 본다면, 그토록 짧은 시간 안에 그들이 발전시킨 복잡한 아이디어들, 예를 들면 이드(자아의 기저를 이루는 본능적 충동: 옮긴이)와 에고, 갈등 tensions과 힘forces, 추진력pushes과 유의성pulls 같은 개념들, 그리고 그 모든 개념들의 구조와 관계는 대부분 옳지 않은 것이라고 말할 수 있다. 우리의 뇌가 그렇게 짧은 시간 안에 만들어 내기엔 이것은 너무나도 큰 문제이다. 그렇지만 만약 여러분이 그 부족의 일원이라면 마땅히 찾아갈 만한 다른 사람도 딱히 없는 것도 사실이지만 말이다.

이제 더 재미있어지는데, 이 부분은 특히 여기 있는 대학생들을 위한 것이다. 난 가끔 중세 시대의 아랍 과학자들에 대해 생각해 본다. 그들은 과학도 연구하긴 했지만 주로 하는 일은 이전 시대 위인들의 업적에 주석을 다는 일이었다. 때론 주석에 또 주석을 달곤 했다. 서로가 서로에 대해 어떤 글을 썼는지 묘사하기도 했다. 계속 그렇게 주석을 달았던 것이다. 주석을 다는 일은 지성인들이 앓고 있는 일종의 병과 같다. 물론 전통은 매우 중요하다. 그러나 그러다보면 새로운 아이디어와 그 가능성에 대한 자유로운 사고가 종종 무시되곤 하는데, 예전의 방식이 새로 시도하려는 어떤 것보다 더 낫다는 이유에서다. 즉 무엇을 바꾸거나 발명하거나 혹은 생각해 낼 권리가 없는 것이다. 자, 여러분의 영문학 교수들이 여기에 해당한다. 그들은 오로지 전통에 몰두해 있으며 거기에 주석을 다는 일이 고작이다. 물론 그들은 우리들 중 일부에게 영어를 가르쳐 주기도 한다. 그러나 여기서 이 유추는 끝이 나고 만다.

이런 유추를 계속 해 나갈 수 있다면, 다시 말해 그들이 세상에 대해 좀 더 열린 관점을 가지고 있었더라면, 많은 흥미로운 문제들이 벌어졌을 거란 생각이 든다. 어쩌면, '품사는 몇 개나 되지?' 다른 품사를 하나 더 만들어 볼까?

자, 그럼 어휘는 어떤가? 어휘 수가 너무 많은가? 아니, 아니다. 생각을 표현하는 데 필요하니까 많을수록 좋지. 그럼, 어휘 수가 너무 적은 건가? 아니, 그것도 아니다. 우연히도, 아니 물론 시간이 흘러감에 따라, 우리는 완전한 단어들의 집합을 사용하게 된 것이다.

이제 이 질문의 더 아래 단계로 내려가 보자. 여러분은 항상 "왜 조니는 읽을 줄 모르나? Why Johnny can't read: : And What You Can Do about It." (Rudolf Flesch가 쓴 책으로서, 어린 학생들이 영어를 읽는 능력이 부족한 것을 지적하고 도와주는 지침서: 옮긴이) 란 질문을 듣는다. 그에 대한 답은 철자법에 있다. 지금으로 부터 3,000 내지 4,000년 쯤 전에 페니키아Phoenicia(지금의 시리아Syria 연안의 옛 나라: 옮긴이) 사람들은 기호를 사용해 소리를 묘사하는 언어를 개발했다. 기호는 아주 간단했다. 각각의 소리는 대응되는 기호가 있고 각각의 기호에는 대응되는 소리가 있다. 그래서 기호들의 소리를 아는 사람은 단어도 정확하게 발음할 수 있는 것이다. 경이로운 발명품이라 할 수 있다. 하지만 역사가 흐르면서 영어라는 언어에서는 이런 체계가 엉망이 되어 버렸다. 철자법을 바꾸면 왜 안 되나? 그 일을 영어 교수들이 안 한다면 누가 하겠는가? 만약 어떤 영어 교수가 내게 '대학교에 입학한 학생들이 그렇게 오랫동안 학교에서 공부하고도 friend란 단어의 철자를 모른다' 고 탄식한다면, 그것은 friend의 철자에 뭔가 문제가 있는 것이라고 대꾸하겠다.

영어 교수들은 어쩌면 새로운 어휘나 품사를 만드는 일은 언어의 스타일이나 아름다움과 관련된 것이어서 잘못 만들었다간 그것들을 파괴할 수도 있다고 주장할지도 모르겠다. 하지만 그들의 우려와는 달리, 단어의 철자를 바꾸는 일은 스타일과 아무런 관련이 없다. 크로스워드 퍼즐만 제외하면 예술이나 문학 어떤 것에도 철자법이 스타일에 영향을 끼치는 일은 없다. 그리고 크로스워드 퍼즐 역시 철자법이 달라진다 해도 얼마든지 만들 수 있다. 만약 영어 교수들이 그 일을 하지 않는다면, 만약 그들에게 2년 동안 기회를 줘 보고 아무 일도 일어나지 않는다면 - 그렇다고 세 가지 철자법을 개발하라는 얘기는 아니고 모두가 사용할 수 있는 한 가지만이라도 제대로 개발해 주길 - 한 2, 3년 기다려 봐서 아무 일도 일어나지 않는다면, 언어학자나 문헌학자들도 그 일은 할 수 있으니까 그들에게 한번 요청해 보는 것이 좋을 것 같다. 어떤 언어라도 알파벳을 사용해서 적을 수 있고 그것을 읽기만 하면 다른 언어에서 어떻게 발음되는지 알 수 있도록 만들 수 있다는 사실을 아는가? 그건 정말 대단한 일이다. 따라서 영어에서 영어로 만드는 일도 충분히 가능한 일일 것이다.

그들에게 한 가지 일을 더 맡기고 싶다. 이런 논의를 하다보면 유추를 이용해 주장하는 것에는 때론 큰 위험이 따를 수 있다는 사실을 알게 된다. 이러한 위험을 지적해 둘 필요가 있다. 지금 그 얘기를 길게

할 시간이 없으니까, 유추를 통해 추리를 할 때 생길 수 있는 오류를 지적하는 문제를 영어 교수들에게 남겨두고 싶다.

과학적인 추리방법이 통하는 여러 분야들 중에는 긍정적인 효과를 본, 그래서 많은 진보를 이룬 분야도 있는데, 나는 지금까지 부정적인 부분들만 선택해서 얘기했다. 지금부터는 여러분이 긍정적인 측면도 알 수 있도록 말씀을 드리려고 한다. 지금 너무 오래 얘기하고 있다는 사실을 나도 알고 있는데, 그래서 이 얘기만 하고 마무리를 할 생각이다. 하지만 너무 짧으면 균형이 안 맞으니까 시간을 좀 더 쓰려고 한다.

합리적인 사람들이 꽤 영리한 방법들을 사용해서 아주 열심히 연구하고 있는 문제들이 여럿 있다. 그리고 아무도 그 방법들을 망쳐 놓지 않았다. 아직까지는.

예를 들어, 사람들은 도시의 교통 체계를 구성하고 다른 도시에서도 그것이 일반적으로 적용될 수 있는 원칙을 고안해 냈다. 또 범죄 수사학 분야에서는 증거를 어디서 얻고 어떻게 판단하고 또 증거에 대한 자신의 감정을 어떻게 조절해야 하는지 등에 대해 꽤 높은 수준으로 이해하고 있는 편이다.

인류의 진보를 생각해 볼 때 우리는 기술적인 발명만 생각해서는 안 된다. 무시하면 안 되는 아주 중요한 '비非 기술적인 발명'도 많이 있었기 때문이다. '수표'나 '은행' 같은 경제적인 발명도 그 예라

할 수 있겠다. '국제 금융 연합' 또한 경이로운 발명이다. 그동안 아주 분명한 역할을 해 왔고 인류의 진보에 큰 기여를 해 왔다. 회계 시스템도 마찬가지다. 비즈니스 회계도 매우 과학적인 과정이다. 아니, '과학적'이라기보다는 '합리적'이라고 말하는 편이 적절할 것 같다. 법체계도 점진적으로 발전해 왔다. 덕분에 법과 배심원과 판사들로 이뤄진 오늘날의 법체계가 만들어진 것이다. 물론 아직도 많은 문제점들이 있긴 하지만, 우리는 이것들을 지속적으로 발전시키려고 노력해야 한다. 나는 바로 그 점을 존중한다.

정부 조직 또한 긴 세월동안 지속적으로 발전해 왔다. 한 국가에서 이미 해결된 많은 문제들 중에는 우리가 이해할 수 있는 방법으로 달성된 것도 있지만 때론 도저히 이해할 수 없는 방법을 사용한 경우도 있다. 나를 성가시게 했던 한 가지 사례를 여러분들께 소개해 드리고 싶다. 그건 바로 정부가 군대를 장악하는 데 문제가 있는 경우와 관련이 깊다. 인류 역사의 대부분의 시기에서 가장 강력한 군대는 정부 활동에 직접적으로 간섭하려고 했기 때문에 문제가 발생했다. 사실 힘없는 사람들이 힘을 가진 군대를 조종할 수 있다는 사실이 경이롭지 않은가! 로마 제국 시대에 근위병 문제는 골칫거리였는데, 왜냐하면 그들이 상원보다 더 많은 물리적 힘을 가지고 있었기 때문이었다. 그렇지만 오늘날 미국에서는 군대가 상원을 직접적으로 컨트롤하지 못하도록 훈련받고 있다. 사람들은 고급 장교들을 비웃고 자주 놀리곤 한다. 아무리 여러 번 그들 마음에 들지 않는 행동을 해도 우리 민간인들은 군대를 계속해서 컨트롤할 수 있는 것이다! 군대가 미국 정부조직 틀 내에서 자신의 위치를 정확히 인지하도록 훈련되었다는 사실은 미국이 가지고 있는 위대하고 소중한 유산 중 하나다. 그들에게 계속 압력을 넣어서 그들이 참을성을 잃고 자신들이 발휘해 온 자제심을 스스로 깨도록 만들면 안 된다고 생각한다. 내 말을 오해하지는 말길 바란다. 군대 또한 다른 조직들과 마찬가지로 많은 문제점을 안고 있다. 최근 '앤더슨 씨'라고 기억되는 어떤 사람이 살인을 저질렀음에도 불구하고 군대가 그를 적절하지 않은 방식으로 감싸고 돈 것은 군대가 과도하게 힘을 얻었을 때 어떤 일이 발생하게 될지에 대한 실마리를 던지는 사건이라고 할 수 있다.

미래에 대해 전망하자면, 기계공학의 발전에 대해 언급하고 그 중에서도 조절 가능한 핵융합이 실용화되면 거의 공짜로 에너지를 얻을 수 있다는 얘기를 반드시 해야 한다. 또 생물학의 발전에 따라 가까운 미래에 지금까지 인류가 한번도 경험한 적 없는 문제들에 직면하게 될 것이라는 점을 지적해야 할 것이다. 급속도로 발전하고 있는 생명공학은 다양한 문제들을 일으키게 될 것임에 틀림없다. 그것들을 자세히 묘사할 시간이 지금은 없으니까, 그냥 미래의 생물학이 야기하게 될 문제점들을 날카롭게 지적한 소설인 올더스 헉슬리 Aldous Huxley(1894~1963, 영국의 소설가이자 평론가)의 『멋진 신세계Brave New World』를 간단히 언급하겠다.

미래에 벌어질 일들 중에서 내가 긍정적으로 보는 한 가지가 있다. 나는 많은 일들이 올바른 방향으로 진행되고 있다고 믿는다. 무엇보다도 많은 나라들이 귀를 틀어막고 싶어도 '통신기술의 발달' 때문에 서로의 얘기를 듣지 않을 수 없다는 사실이다. 그래서 다양한 의견들이 공존하고 그로 인해 새로운 아이디어를 고립시키는 일이 점점 어려워질 것으로 보인다. 나크로소프 씨를 억류하는 데 소련이 겪고 있는 어려움과 비슷한 종류의 어려움들이 지속적으로 증대되길 진심으로 바란다.

짧게나마 좀 상세하게 지적하고 싶은 문제가 있다. 도덕적인 가치와 윤리적인 판단은 이미 지적했듯이 과학이 들어갈 수 없는 영역이며 어떤 식으로 접근해야 할지도 잘 모르겠다. 하지만 나는 하나의 가능성을 주목한다. 다른 방법들도 가능하겠지만, 내가 주목하는 가능성이란 '먼저 충분한 관찰을 하고 나서 받아들이는 신중함' 과 같은 어떠한 일종의 방법 체계mechanism, 즉 도덕적 가치를 선택하는 체계가 우리에게 필요하다는 사실이다. 갈릴레오의 시대에는 물체가 왜 낙하하는가에 대해 여러 가지 주장이 있었다. 특별한 매질이 제안되기도 했고, 척력과 인력이라는 개념이 도입되기도 했다. 갈릴레오의 업적은 그 모든 주장들을 무시한 채, 정말 낙하하는지, 그리고 얼마나 빠르게 낙하하는지를 먼저 결정하고 그 사실만을 정확하게 기술했던 것이었다. '왜'라는 질문에 답을 할 수 없었지만, 그 부분에 대해서만큼은 모두가 동의할 수 있기 때문이다. 그리고 모두가 합의할 수 있는 내용들을 늘려가는 방향으로 연구를 진행하면서, 그 기저에 깔려있는 작용이나 이론들은 최대한 무시하려고 노력했다. 그러면서 경험이 충분히 축적되어 좀 더 만족스런, 근본적인 이론을 발견하게 된 것이다.

예를 들어 과학의 초기에는 빛에 대한 터무니없는 주장들이 여럿 있었다. 뉴턴은 프리즘을 이용한 실험을 통해 빛을 분리해 내고 공간적으로 펼쳐진 광선들은 결코 다시 분리되지 않는다는 사실을 보였다. 그렇다면 왜 그는 후크Robert Hooke(1635~1703, 영국의 화학자, 물리학자, 천문학자)와 그토록 격렬한 논쟁을 벌였을까? 뉴턴이 후크와 논쟁을 펼친 것은 뉴턴이 발견한 현상이 옳은 것인지에 대한 의심 때문이 아니라, 빛이 근본적으로 어떤 것인지에 대한 당대의 이론들 때문이었다. 후크 또한 프리즘을 이용해 뉴턴이 발견한 현상이 사실임을 쉽게 알 수 있었기 때문이다.

그러므로 도덕적인 문제들에 대해서도 이와 같은 방법을 사용하는 것이 가능한가 하는 문제를 논의해야 한다. 그 다음엔 유추법을 이용해서 연구해야 한다. 우리가 해야 하는 일에 대해 왜 그것을 해야 하는가 하는 문제는 쉽게 답을 내기 어렵지만, 결과적인 문제, 즉 그 일을 하면 무슨 일이 벌어지는가에 대한 관찰은 충분히 가능하다고 나는 믿는다. 기독교 초창기에 존재했던 주장들 중에 '예수는 하나님과 비슷한 물질로 되어 있었는가, 아니면 하나님과 같은 물질로 되어 있었는가'에 대한 주장이었는데, 그것은 그리스어로 번역하면 Homoiousions와 Homoousians 간의 논쟁이다. 다들 웃겠지만, 사람들은 그 일로 깊은 상처를 받았다. 비슷한 건지, 정확히 똑같은 건지에 대해 논쟁을 벌이다가 명예가 잃기도 했고 살인을 저지르기도 했다. 지금 이 시대의 우리는 그로부터 교훈을 배워서 '우리가 동의한다면 왜 동의하는지'에 대해서는 논쟁을 벌이지 않도록 주의해야 한다.

그런 이유로 나는 '교황 요한 23세의 회칙'(로마 교황이 전 성직자들에게 보내는 회칙: 옮긴이)을 읽으며 그것이 이 시대의 가장 뛰어난 사건이며 미래를 향한 위대한 발걸음이라고 생각했다. 난 인류가 반드시 품어야 할, 그리고 한 사람이 다른 사람에게 가져야 할 의무와 책임과 도덕에 대한 나의 신념을 그 회칙만큼 잘 표현해 놓은 글을 본 적이 없다. 나는 사람들이 가져야 할 이런 태도가 신으로부터 나왔다는 그들의 사유 체계에는 동의하지 않는다. 그리고 이런 것들이 다른 교황들의 아이디어로부터 시작돼 자연스러우면서도 완벽하게 사리에 맞는 방법 을 통해 얻어진 결과라는 주장에 대해서도 전혀 동의하지 않는다. 하지만 그것을 조롱하지도 않을 것이며 그들과 논쟁을 벌이지도 않을 것이다. 그리고 인류가 가져야할 의무와 책임을 대표해 교황이 짊어질 의무와 책임에 대해서는 기꺼이 동의한다. 그리고 행동이라는 관점에서 보자면 결국 같은 것을 믿는 한 '왜 그것을 믿어야 하는지'에 대해서는 잠시 잊어버릴 수 있는 '새로운 미래의 시작'을 이 회칙이 제시하고 있다고 본다.

정말 감사를 드린다. 이번 강연회는 내게도 즐겁고 유익한 시간이었다.

파인만에겐 뭔가 특별한 것이 있다

물리학자로서 이미 세계적 아이콘이 된 리처드 파인만Richard Feynman(1918~1988). 그는 과학적인 사고방식으로 새로운 문제를 해결하는데 천부적인 재능을 지닌 사람이었다. 1948년 '파인만 다이어그램'이라고 불리는 독창적인 아이디어로 양자전기역학QED의 난제를 해결하며, 미시세계를 이해하는 새로운 방식을 제시해 1965년 노벨 물리학상을 받았다. 그의 뛰어난 능력은 자신의 전공분야와 동떨어진 곳에서도 빛을 발했는데, 1986년 챌린저호가 왜 폭발했는지를 수주 만에 밝혀 낸 것이나 초능력자라고 주장하는 유리 겔러가 사기꾼임을 직접 실험을 통해 보이기도 한 것이 그중 일례다. 그가 요즘 각광받는 나노기술의 개념을 처음 생각해 낸 사람이기도 하다는 것은 잘 알려진 사실이다.

그가 문제를 푸는 방식은 항상 '명쾌' 했다. 마치 형사 콜롬보와 셜록 홈즈의 좋은 부분만 섞어 놓은 것처럼 말이다. 특히 어려운 물리학 개념을 쉽게 설명하는 능력은 수십 년이 지난 지금까지도 전설로 남아 있다. 즉 물리학 선생으로서도 그는 역사에 남을 만큼 특출했다. 게다가 뛰어난 유머감각과 쾌활한 성격, 출중한 외모까지 지녔으니, 뭘 더 바라겠는가! 이런 이유 때문에 파인만에게는 '위대한 설명가the Great Explainer', '과학계의 엘비스 프레슬리' 등 여러 별명이 늘 수식어처럼 따라다녔다.

그는 젊은 대학원생 시절 원자폭탄을 처음 만든 맨하탄 프로젝트에 참여했는데, 계산을 담당한 그룹을 지휘하는 한편, 다이얼 자물쇠를 여는 방법을 연구해서 경비원들과 동료들의 금고를 몰래 열고 자신의 서명과 함께 "I was here"라고 적힌 노트를 남겨두길 즐겼다고 한다. 이처럼 짓궂은 장난을 즐기는 어린 아이 같은 모습은 평생 동안 지속되었는데, 그 영향 때문인지 그가 교수로 40년 이상을 재직한 캘리포니아공과대학California Institute of Technology(일명 칼텍)에는 아직도 학생들이 파인만이 즐겼던 장난과 비슷한 '프랭크prank'라고 불리는 장난을 즐기는 문화가 있다.

개인적으로도 파인만은 특별한 사람이다. 세상의 모든 물리학자들처럼, 역자들 역시도 『파인만의 물리학 강의』를 통해 물리학의 기본을 배웠고, 그가 오랫동안 몸담고 있던 칼텍에서 공부하고 싶어 칼텍으로 유학을 떠나기도 했다. 파란만장한 일화가 담긴 『파인만씨, 농담도 잘

하시네』 등의 책에 나타나는 자유로움과 독창성은 물리학자의 이상적인 모습으로 비춰졌고, 그를 모방하고 싶었을 만큼 매력적이었다.

이는 우리들만의 감정은 아니다. 동료들과 얘기를 나누다 보면 파인만에 대한 부러움과 동경이 섞인 미묘한 감정은 물리학자라면 공통적으로 갖고 있음을 알게 된다. 특히 복잡한 문제의 핵심을 꿰뚫어보고 명쾌히 해결하는 능력을 부러워하곤 한다. 뿌연 안개 때문에 한치 앞을 볼 수 없는 상황에서도 그는 직관적으로 목적지로 향하는 길을 뚜렷이 볼 수 있었던 것 같다. 도대체 어떤 방식으로 새로운 문제에 접근했기에 그리 뛰어날 수 있었을까?

이 책은 과학이란 무엇이며, 과학이 우리 사회의 다른 분야에 어떤 영향을 미칠 수 있는지에 관한 책이다. 파인만이 사회와 종교 등 일반적인 주제에 대해 자신의 생각을 직접 밝혀놓은 글은 우리가 알기론 이 강연록 외엔 없다. "최고 수준의 마술사"라고 불릴 만큼 이해할 수 없는 일을 척척 행하던 그가 드디어 사회적 발언을 시도한 셈이다.

보통 '과학'이란 단어는 첨단 기술이나 자연에 대한 지식을 뜻하는 말로만 사용하는 경우가 많다. 파인만이 세 번의 강연에 걸쳐 강조하는 부분 중 하나가 '문제를 푸는 방법으로서의 과학'이다. 가설을 세우고, 실험을 통해 그것을 검증하는 경험론적인 방법을 갈릴레이가 처음으로 고안하고 적용한 17세기 초부터, 과학은 고정관념을 깨고 새로운 사실을 밝혀내기 시작했다. 가히 혁명적이라 할 수 있는 이 변화는 자연과학 분야에서 시작되었다. 그 시절 유럽에서는 고대 철학자 아리스토텔레스의 말이 의심의 여지없이 진실로 받아들여졌다. 예를 들어 질량이 무거운 물체는 가벼운 물체보다 빨리 낙하한다는 이론이 정설이었다.

갈릴레이는 용감하게 그 태도에 반기를 들고 실험을 통한 새로운 방법을 만들었다. 이후 과학은 같은 방법을 계속 사용하고 있는데, 이를 한마디로 요약하면 '자연에게 물어봐'가 될 것이다. 먼저 진위를 가릴 주장(가설)을 택한다. 그리고 그 가설이 옳은지 그른지 알 수 있는 실험을 행한다. 보통 수학적으로 표현되는 그 실험 결과에 따라 가설은 이론으로 인정받던지 혹은 폐기처분된다. '어떤 권위 있는 철학자 혹은 지식인의 말보다 실제로 '실험'을 했을 때 나오는 결과가 옳다'라는 생각이야말로 과학의 역사에서 가장 위대한 생각이 아니었을까? 파인만의 표현에 따르면 "아이디어는 사람을 가리지 않는다." 갈릴레이가 무게가 다른 두 물체를 직접 떨어뜨리는 실험을 통해 아리스토텔레스의 오래된 이론이 틀렸음을 증명했다는 유명한 일화는 과학적 방법의 좋은 예이다(이 실험을 했던 장소가 피사의 사탑이 아니라는 사실이 추후 밝혀지긴 했지만).

현대에 사는 우리는 "왜 갈릴레이 이전엔 그 실험을 할 생각을 하지 못했을까?"라고 질문할 수도 있다. 하지만, 이미 언급했듯이 증명되지 않은 많은 이론은 현대에도 판을 치고 있으며 사람들은 거부감 없이 그것들을 수용한다. 과학기술이 삶의 구석구석에 침투한 현대 시대에도, '과학의 시대'라고 불리는 오늘날에도 대부분 사람들은 과학적으로 사고하는 방법을 알지 못하는 것이다.

이 책에 실린 세 번의 강연을 통해 파인만은 과학적 사고가 우리에게 가져다주는 선물에 대해서 이야기한다. 과학이 무엇인지, 얼마나 재미있는 것인지 전해주는 데 파인만보다 더 적합한 사람은 없을 것 같다.

첫 번째 강연에서는 과학이란 무엇인지 명쾌히 설명하고, 사람들이 흔히 과학에 대해 갖고 있는 몇 가지 오해를 지적한다. 과학을 하는 이유는 무엇보다 새로운 사실을 '발견하는 즐거움' 때문이다. 사람들은 여가시간에 퍼즐을 즐기고 추리 소설이나 영화에 시간을 할애한다. 심지어 요즘 인기 있는 TV 오락 프로그램들도 잘 살펴보면 새로운 지식을 찾거나 알아맞히는 과정을 보여주는 경우가 많다. 가끔은 새로운 장소에 대한 호기심으로 탐험가처럼 여행을 떠나기도 한다. 인간은 모르는 것에 강한 호기심을 느끼고, 새로운 것을 발견하는 일을 무척이나 즐기기 때문이다. 이런 특성은 모든 사람이, 특히 어린 시절엔 반드시 갖고 있다.

이에 반해 사람들은 과학을 어렵고 골치 아픈 것으로 여기는데, 사람들이 파인만의 얘기를 듣고 과학의 본질을 제대로 알게 되면 그 생각을 바꿀 것이라고 믿는다. 잘 만들어진 퍼즐을 풀 때 느끼는 즐거움과 희열을 과학의 본질적인 매력에 비할 수 있겠다. "자연은 그 구조를 기다란 실로 엮고 있으므로, 어느 작은 부분에서도 전체의 옷감이 어떻게 구성되어 있는가를 보여 준다('파인만의 물리법칙의 특성' 중)." 과학자들은 우주가 시작할 때부터 숨겨져 있었고 아직까지 아무도 풀지 못했던 퍼즐을 맞춰 보려고 이리저리 노력하는 것이다. 능력을 총동원해서 오래된 문제를 해결하는 순간에 맛보는 희열은 탐구하는 사람만이 경험할 수 있는 소중한 선물이다. 과학은 그렇게 수많은 탐험가 혹은 탐정들이 우주에 숨겨져 있는 퍼즐을 하나씩 풀어 가는 여정과 그 결정체인 것이다.

사람들이 누구나 과학을 충분히 즐길 수 있을 거라고 믿는데, 가장 중요한 이유가 파인만이 이 책에서 얘기하듯이 "자연의 상상력이 사람의 상상력보다 훨씬, 훨씬 더 대단"하기 때문이다. 흔히 사람들은 문학이나 예술이 주는 아름다움을 과학의 차가움이 없애 버린다고 주장한다. 이는 과학에 대한 무지에서 비롯된 것으로, 파인만은 이 책에서 다음과 같이 말한다.

"이번에는 지금 우리가 지구에 대해 알고 있는 사실들을 한번 살펴보자. 이것은 과연 덜 시적이며 재미없는 아이디어일까? 지구는 회전하고 있는 공이며 사람들은 그 공 표면에 매달려 살고 있다. 어떤 사람들은 그 공에 거꾸로 매달려 있는 셈이다. 좀더 거시적인 관점에서 보자면, 이 공은 태양이라는 거대한 불덩이 주변을 뱅글뱅글 돌고 있다. 이것이 훨씬 더 낭만적이며 재미있는 아이디어가 아닌가? … 우리가 살고 있는 우주가 어떤 모습인가에 대해서는 많은 과학자들이 지금도 연구 중에 있지만, 아직도 그 끝은 어떻게 생겼는지 모른 채 – 마치 고대인들의 '바닥이 없는 바다' 처럼 – 우주는 우리를 품고 존재한다. 고대인들의 시적 이미지처럼, 현대인들의 우주 또한 똑같이 신비로우며 똑같이 장엄하고 똑같이 불완전하다."(본문 20쪽)

과학은 하나의 해결책을 통해 같은 문제를 더 깊은 통찰력을 갖고 바라볼 수 있게 해 주고 새로운 문제에 도전하게 만든다. 그렇게 여러 세대에 걸쳐 발견한 해결책들을 묶어놓으면, 일종의 질서가 존재하는 것을 볼 수 있고 자연에 대한 이해가 깊어지고 통찰력을 얻는다. 하지만 그렇게 발견된 규칙이 절대 불변의 진리라고 생각하면 더 이상의 발전을 막게 된다. 과학적 규칙 혹은 법칙은 이 시대에 주어진 관찰에 부합되는, 우리가 찾을 수 있는 가장 좋은 '추측' 인 것이다. 이에 대한 파인만의 비유를 들어 보자.

"아직까지는 관찰이라는 그물망에 걸러지지 않은 채 '꽤 쓸 만한 추측'으로 남아있지만, 시간이 지나고 그물망의 코가 예전에 쓰던 것보다 점점 작아지면 – 다시 말해 관찰의 정확도가 점점 더 높아지면 – 때론 그 규칙도 그물망에 걸러지게 될 수도 있다."(본문 39쪽)

그래서 파인만은 '과학적 지식'이라 부르는 것들은 '확실한 정도가 제각기 다른 여러 진술들의 집합체'라고 보고 있다. 이런 일련의 과정들은 기본적으로 우리가 가지고 있는 생각과 지식이 항상 불완전하기 때문에 그것이 정말로 옳은지 '의심'을 하는 데서 출발한다. 이 자세야말로 우리가 진실을 향해 조금씩 다가갈 수 있도록 하는 결정적인 역할을 한다. 파인만은 자연을 이해하는 데 큰 성공을 가져온 이런 태도가 사회 문제를 해결하는 데에도 실마리를 제공하지 않을까 하는 제안인 것이다.

"과학지식을 가지고 일하면서 얻게 되는 태도나 경험 중에서 다른 분야의 일을 할 때도 유용한 점들이 있나요?" 간단하게 표현하자면, 이 책에 수록된 파인만의 세 강연은 이 질문에 대한 대답이라 할 수 있다. 이 질문에 대한 그의 대답은 명료하다. 그는 과학에서 사용되는 방법이 자연 현상뿐만 아니라 사회 문제를 이해하는 데도 도움을 줄 것이라고 주장한다. 그리고 세 차례의 강연을 통해 구체적이면서도 다양한 예를 제시한다. 과학을 우리가 사는 세상과는 무관한, 밀실에서 주고받는 과학자들만의 이해할 수 없는 대화 정도로 인식하는 분위기가 팽배해 있는 지금, 우리가 꼭 귀 기울여 들어야 할 통찰력이라고 믿는다. 이 강연록이 우리 사회에 꼭 소개되었으면 하고 바라는 이유가 여기에 있다.

사실 '과학'이라는 단어는 일상생활에서도 흔히 접한다. 텔레비전이나 신문에 나오는 광고를 보면 '과학'의 권위를 빌어 소비자들에게 상품에 대한 신용도를 높이려는 문구를 종종 본다. 또 요즘 여러 사회적 이슈들, 예를 들면 지구 온난화 현상이나 개발에 따르는 환경문제, 유전자변형식품, 줄기세포 연구, 원자력 발전소 문제, 광우병 검역 불안 등은 결코 과학과 분리해서 생각할 수 없는, 중요한 주제들이다. 실제로 이런 이슈들에 대해 TV나 신문에서 과학자들이 '전문가'로서 정보를 제시하는 모습을 자주 보게 된다. 이 같은 정보들을 듣고 별 생각 없이 수동적으로 수용한다면, 이 문제들이 현재 그리고 다가올 미래의 우리 삶에 미칠 영향을 생각해 본다면 무책임하고 어리석기까지 하다고 볼 수 있다. 우리는 과학자의 주장에 귀를 기울이고 그들의 주장에 대한 자신의 소신을 가지려고 노력해야 하며, 과학자들도 일반인들과 같은 눈높이에서 그들과 대화할 준비가 돼 있어야 한다.

그렇다면 우리들은 어떤 자세와 근거로 그 정보를 수용하거나 비판해야 할까? 다시 말해, 과학자나 기업이 '이는 과학적으로 증명된 사실'이라고 말할 때, 그것은 정확히 어떤 의미라고 판단해야 할까? 과학은 100% 확실한 '불변의 진리'의 집합체일까? 과학적인 연구는 어떤 방법을 통해 진행되며 과학적 '사실'들은 어떻게 발견되는 걸까? 좀 더 근본적으로 파고들자면, 도대체 과학이란 무엇인가? 과학은 모든 질문에 해결책을 제시할 수 있는가?

이 책에 담긴 세 강연을 통해 파인만은 이 질문들에 대해 명쾌한 답을 제공한다. 자칫 어려워질 수 있는 주제를 적절한 예와 뛰어난 통찰력으로 대중에게 쉽게 설명하는 능력은 '역시 파인만!'이라는 탄성을 자아내게 한다. 과학의 내용이나 과학자의 일생에 관한 책들은 많이 나와 있는 반면, 이 책처럼 '과학' 자체에 집중해서, 과학이 무엇인지, 어떤 것이 진짜 과학이며, 가짜(사이비) 과학은 어떻게 구별할 수 있는지, 또 실생활에 과학적인 사고를 어떻게 적용할 수 있는지에 관해 이렇게 깔끔하게 정리한 책은 아직까지 없었다.

과학자가 아닌 일반인이 과학에 대해 알아야 하는 가장 중요한 한 가지를 꼽으라면, 주저 없이 '과학적으로 생각하는 방법'이라 답하겠다. 과학적인 사고방법을 배우는 일은 '개인의 자유' 또는 '민주주의'와 같은 개념처럼 일반 대중이 명확하게 이해할 만한 가치가 있다고 믿는 파인만의 주장에 흔쾌히 동의한다.

두 번째 강연에서는 과학의 영역과 한계, 특히 과학과 종교와의 관계에 대한 생각을 다뤘다. 과학이 답할 수 있는 것은 '특정한 조건이 주어졌을 때 다음엔 어떤 일이 일어날까?'의 형태로 주어진 질문에 한해서다. 그 외의 문제들은 특히 가치 판단이 포함된 경우, 과학의 영역 밖에 있다. 즉 과학은 우리가 어떻게 살아가야 하는지 해답을 제시하지 못한다. 과학이 발전할수록 우리가 할 수 있는 능력은 커지지만, 그것을 어떻게 사용할지는 '종교'로 대표되는 '우리들의 가치관'에 달려있다. "종교 없는 과학은 절름발이이고 과학 없는 종교는 장님이다."라고 했던 아인슈타인의 말도 같은 맥락에서 이해할 수 있다.

'비과학적인 시대'라는 제목의 세 번째 강의는 사회의 비합리적인 부분을 여러 예를 통해 파헤친다. UFO는 정말 존재할까, 올바른 정치인을 어떻게 선택할 수 있을까, 초능력 독심술을 어떻게 바라볼 것인가 등 흥미로운 이야기들이 많다. 요즘 우리 사회에도 적용될 수 있는 예들이 대부분이지만, 소련과 냉전 대치 중 이었던 당시 미국의 특수 상황을 드러내는 내용도 있다.

더 가까운 예를 들어 우리 사회 또한 얼마나 비과학적인지, 또 조금만 생각하면 과학적인 해결책을 얼마든지 쉽게 찾을 수 있는지를 살펴보자. (사실 이 질문은 자주 역자를 괴롭히는 문제이기도 하다.) 몇 해 전부터 부쩍 대화중에 혈액형을 물어보는 사람들이 많아졌다. 내 대답을 듣곤 이해가 된다는 듯이 고개를 끄덕인다. 혈액형으로 사람의 성격을 알아맞힐 수 있냐고 물으면, 주변 친구들의 예를 들면서 "정말 잘 맞히는 것 같더라"고 대답한다.

보통은 그냥 웃고 지나가지만, 과학적인 관점에서 보았을 때 그들의 말엔 신뢰성이 없다. 왜 그럴까? 순서가 뒤바뀌었기 때문이다. 혈액형을 먼저 물어본 후에 그것이 그 사람의 성격과 일치한다고 얘기해 봤자 아무런 소용이 없다. 혈액형에 따라 성격이 결정된다는 이론이 옳다고 생각한다면, 다음과 같은 시도를 해 보시길 권한다. 먼저 성격을 파악했다고 자신할 수 있는 친구들의 목록을 만들고(물론 혈액형을 모르는 사람들로만), 그들의 성격에 따라 혈액형을 예상해 본 후에, 그것이 맞는지 확인하는 것이다. 이런 과정을 거치면 '혈액형으로 성격을 얼마나 맞힐 수 있는지' 정확도를 계산할 수 있다. 이런 일을 실제로 진행하면 과연 정확도는 얼마나 나올까?

단지 순서만 바꾼 것 같지만, 이 차이는 무척 중요하다. 전자의 경우와는 달리, 후자의 경우엔 먼저 '예측'을 하고 그것이 맞는지 틀리는지 '확인'하는 과정이 포함되기 때문이다. 이론이 혹시 틀렸다면, 그 사실을 우리가 알아챌 방법을 만들어 두어야 한다. 이렇게 수십 번, 수백 번 질문을 반복했을 때 타인의 혈액형을 맞추는 경우가 무작위로 추측하는 경우보다 상대적으로 높다면, 혈액형–성격 이론은 과학적 이론으로서 인정받을 가능성을 갖추게 된다.

여기서 중요한 것은 자신이 지지하는 이론이 잘못되었음을 증명하는 불리한 결과가 나오더라도 정직하게 하나도 빼 놓지 않고 기록해야한다는 사실이다. 파인만이 세 번째 강연에서 카드를 읽는 독심술에 대한 실제 실험연구를 예로 들며 자세히 설명했듯이 불리한 결과까지도 연구결과 목록 안에 포함시키는 일은 매우 중요하다. 과학을 직업으로 삼는 과학자들도 종종 쉽게 빠지는 함정이자 유혹이다. 하지만 정직한 태도를 잃어버린다면 애초에 진실에 접근하겠다는 시도는 불가능하게 된다.

또 실험의 결론이 아무리 믿기 힘든 방향으로 나온다고 해도 절대 실험 결과를 무시해서는 안 된다. 아니, 오히려 과학의 발전은 우리의 고정관념이 잘못되었음을 끊임없이 증명하는 과정에서 이루어졌다. 갈릴레이가 새로운 낙하운동 법칙을 발견했을 때에도, 아인슈타인이 상대성이론을 처음 발견했을 때에도, 양자역학의 새로운 개념들이 20세기 초 등장했을 때에도, 사람들은 이 새로운 이론들을 받아들이기 힘들어 했다. 일상생활에서 얻은 우리의 제한된 경험과 직관으로는 상상하기 힘든 내용이었기 때문이다. 그래서 파인만이 '자연의 상상력이 인간의 상상력보다 위대하다' 고 힘주어 강조하는 것이다.

혈액형 얘기는 그냥 재미로 들려드린 얘기지만, 심각하게 우리의 소중한 시간과 에너지를 낭비하게 만드는 경우도 많다. 별 생각 없이 사실로 받아들이는 것들 중에는 거짓이 숨어 있을 수 있다! 이럴 때 단순한 과학적 방법을 이용하면 주장의 진위를 밝힐 수 있다. 당장 떠오르는 것들만 봐도 초능력이나 무속신앙 등이 그것이다. 이것들이 실재한다면 국가적으로 장려해서 키울 일이고, 거짓이라면 사람들의 돈과 시간을 낭비하게 만드는 것이니 중지시켜야 한다. 프린스턴 대학에서는 30년 가까이 초현실적인 현상을 연구하는 프로그램The Princeton Engineering Anomalies Research, PEAR을 운영해, 초감각적 감지ESP나 염동작용을 연구해 왔다. 초능력의 실재를 증명해 주는 실험 결과가 나오지 않아 결국 올해 초 문을 닫았지만 말이다. 하지만 이처럼 체계적인 실험을 하기 전까진 진위를 가려 낼 방법이 없으므로 결코 실패한 프로그램이라고는 말할 순 없다.

"이렇게 개개인이 삶에서 부딪히는 문제들에 대해 과학적이고 통계적인 방법으로 직접 실험을 하고 분석을 하면 혈액형-성격 같은 사소한 문제뿐 아니라 특정 지역이나 종교, 혹은 국가, 민족에 대한 편견도 상당 부분 사라지지 않을까?"라고 행복한 상상을 해 본다. 사람들이 갖고 있는 대부분의 편견도 결국은 그들이 맞다고 믿는 '가설'일 뿐이니, 혈액형-성격 가설과 마찬가지로 이런 문제들도 순서를 뒤바꾸어 검증해 볼 필요가 있다. 서로 다른 배경, 종교, 출신 지역 혹은 국가, 이념 등 우리를 갈라놓는 일들이 너무 많다. 파인만이 말하는 넓은 의미에서의 과학이 그 차이를 극복하는데 출발점이 될 수 있을 것이다.

우리는 눈앞의 진실을 있는 그대로 바라볼 수 있는가? 과학의 역사는 우리의 능력을 맹신하지 말고 언제든 틀릴 수 있음을 인정하는 자세로 질문을 던질 때 올바른 답을 얻을 수 있다는 사실을 보여준다. 어느 사회나 사회적인 이슈들에 대해 소모적인 논란이 계속되는 것도, 양쪽 모두 자신의 주장만이 진실이라고 믿는 꽉 막힌 사고방식으로 유리한 주장만을 늘어놓기 때문이 아닐까? 마치 초능력의 존재를 믿고 카드를 맞추지 못한 경우는 실험 결과에서 제외시킨 어느 과학자처럼 말이다. 자신의 의견은 확실하게 개진하되, 그 의견에 상반되는 근거가 제시되었을 때 사실을 겸허히 수용하는 성숙한 자세만 갖는다고 해도 소모적인 논쟁의 상당수는 줄어들 수 있으리라고 믿는다.

끝으로, 이 책에 수록된 파인만의 강의는 시애틀 소재 워싱턴 대학교에서 주최한 '존 댄스 강연' 시리즈의 일부로서 1963년 봄에 이뤄졌다. 존 댄스 씨는 그 지역의 영화관 수익의 일부를 워싱턴 대학교에 기부하면서 매년 강연회가 열릴 수 있도록 후원해 왔으며 이 전통은 아직까지도 이어지고 있다.

미국이나 유럽에서는 일반인들을 위한 과학자의 강연을 들을 기회가 꽤 많다. 지금으로부터 10년 전 워싱턴 D.C.에서 열린 한 천문학자의 '중력렌즈' 강연회를 들으러 간 적이 있는데, 백발의 노부부가 마치 음악회에 온 것처럼 함께 강연장으로 들어가 강연을 즐기는 모습을 보고 충격을 받았다. 우리나라 과학강연장들과는 달리, 그곳은 대부분 어른들로 가득 차 있었는데, 위트가 적절히 섞인 강연을 흥미롭게 듣고 마지막에 질문을 던지는 그들의 진지한 모습이 몹시 부러웠다.

언제쯤 우리나라에서도 이런 강연회가 찾아올까? 음악이나 미술처럼, 과학을 문화로서 즐기는 시대가 언제쯤 올까? 어린이나 청소년 뿐 아니라 어른들도 과학자들에게 흥미로운 과학 강연을 직접 듣고, 때론 과학적 이슈에 대해 열띤 논쟁도 벌이는 강연회가 자주 있었으면 좋겠다. 최신 과학에 관심이 깊은 어른들이 콘서트에 가서 음악을 즐기듯 과학 강연회를 찾아 과학을 문화로서 즐기는 날이 조만간 오기를 기대해 본다. 이 책에서 가장 부러운 대목이었다.

역자 정무광, 정재승

| 리처드 파인만 소개 |

　리처드 파인만은 1918년 뉴욕 브룩클린에서 출생하였으며, 1942년에 프린스턴 대학에서 박사학위를 받았다. 그는 어린 나이에도 불구하고 2차 세계대전 중 로스 알라모스Los Alamos에서 진행된 맨하탄 프로젝트Manhattan Project에 참여하여 중요한 역할을 담당하였으며, 그 후에는 코넬Cornell대학과 캘리포니아 공과대학에서 학생들을 가르쳤다. 1965년에 도모나가 신이치로, 줄리안 슈윙어와 함께, 양자전기역학QED을 완성한 공로로 노벨 물리학상을 수상하였다.

　파인만은 양자전기역학이 갖고 있었던 기존의 문제점들을 말끔하게 해결하여 노벨상을 수상했을 뿐만 아니라, 액체헬륨에서 나타나는 초유동현상superfluidity을 수학적으로 규명하기도 했다. 그 후에는 머리 겔만과 함께 약한 상호작용을 연구하여 이 분야의 초석을 다졌으며, 이로부터 몇 년 후에는 높은 에너지에서 양성자들이 충돌하는 과정을 설명해 주는 파톤 모델Parton Model을 제안하여 쿼크quark이론에 커다란 업적을 남겼다.

이 대단한 업적들 외에도, 파인만은 여러 가지의 새로운 계산법과 표기법을 물리학에 도입하였다. 특히 그가 개발한 '파인만 다이어그램'은 기본적인 물리과정을 개념화하고 계산하는 강력한 도구로서, 근대 과학 역사상 가장 훌륭한 아이디어로 손꼽히고 있다.

파인만은 경이로울 정도로 능률적인 교사이기도 했다. 그는 학자로 일하는 동안 수많은 상을 받았지만, 파인만 자신은 1972년에 받은 외르스테드 메달Oersted Medal(훌륭한 교육자에게 수여하는 상)을 가장 자랑스럽게 생각했다. 1963년 처음 출판된 『파인만의 물리학 강의』를 두고 《사이언티픽 아메리칸Scientific American》의 한 평론가는 다음과 같은 평을 내렸다. "어렵지만 유익하며, 학생들을 위한 배려로 가득 찬 책. 지난 25년간 수많은 교수들과 신입생들을 최상의 강의로 인도했던 지침서." 파인만은 또 일반 대중들에게 최첨단의 물리학을 소개하기 위해 『물리 법칙의 특성The Character of Physical Law』과 『일반인을 위한 파인만의 QED 강의QED: The Strange Theory of Light and Matter』를 집필하였으며, 현재 물리학자들과 학생들에게 최고의 참고서와 교과서로 통용되고 있는 수많은 전문서적을 남겼다.

리처드 파인만은 물리학 이외의 분야에서도 여러 가지 활동을 했다. 그는 챌린저호 위원회에서도 많은 업적을 남겼는데, 특히 원형고리o-ring의 낮은 온도에서의 민감성에 대한 그 유명한 실험은 오로지 얼음

물 한 잔으로 모든 것을 해결한 전설적인 사례로 회자되고 있다. 그리고 세간에는 잘 알려져 있지 않지만, 그는 1960년대에 캘리포니아 주의 교육위원회에 참여하여 진부한 교과서의 내용을 신랄하게 비판한 적도 있었다.

리처드 파인만의 업적들을 아무리 나열한다 해도, 그의 인간적인 면모를 보여주기에는 턱없이 부족하다. 다채로우면서도 생동감 넘치는 그의 성품은 그의 손을 거친 모든 작품에서 생생한 빛을 발하고 있다. 파인만은 물리학자였지만 틈틈이 라디오를 수리하거나 자물쇠 따기, 그림 그리기, 봉고 연주 등의 여가 활동을 즐겼으며, 마야의 고대 문헌을 해독하기도 했다. 항상 주변 세계에 대한 호기심을 갖고 있던 그는 위대한 경험주의자의 표상이었다.

리처드 파인만은 1988년 2월 15일 로스앤젤레스에서 세상을 떠났다.

찾 · 아 · 보 · 기

19세기 산업은 전기 기술 시대, 20세기는 전자 기술(반도체) 시대, 21세기는 양자 기술 시대입니다. 미래의 주역인 청소년들을 위해 21세기 **양자 기술**(양자 컴퓨터, 양자 암호, 양자 정보, 양자 철학 등) 시대를 대비한 수학 및 물리학 양서를 계속 출간하고 있습니다.

파인만의 물리학 강의 I

리처드 파인만 강의 | 로버트 레이턴, 매슈 샌즈 엮음 | 박병철 옮김 | 736쪽 |
양장 38,000원 | 반양장 18,000원, 16,000원(I-I, I-II로 분권)
40년 동안 한 번도 절판되지 않았던, 전 세계 이공계생들의 전설적인 필독서, 파인만의 빨간 책.
2006년 중3, 고1 대상 권장 도서 선정(서울시 교육청)

파인만의 물리학 강의 II

리처드 파인만 강의 | 로버트 레이턴, 매슈 샌즈 엮음 | 김인보, 박병철 외 6명 옮김 |
800쪽 | 40,000원
파인만의 물리학 강의에 이어 우리나라에 처음 소개되는 파인만 물리학 강의의 완역본. 주로 전자기학과 물성에 관한 내용을 담고 있다.

파인만의 물리학 길라잡이 : 강의록에 딸린 문제 풀이

리처드 파인만, 마이클 고틀리브, 랠프 레이턴 지음 | 박병철 옮김 | 304쪽 | 15,000원
파인만의 강의에 매료되었던 마이클 고틀리브와 랠프 레이턴이 강의록에 누락된 네 차례의 강의와 음성 녹음, 그리고 사진 등을 찾아 복원하는 데 성공하여 탄생한 책으로, 기존의 전설적인 강의록을 보충하기에 부족함이 없는 참고서이다.

파인만의 여섯 가지 물리 이야기

리처드 파인만 강의 | 박병철 옮김 | 246쪽 | 양장 13,000원, 반양장 9,800원

파인만의 강의록 중 일반인도 이해할 만한 '쉬운' 여섯 개 장을 선별하여 묶은 책. 미국 랜덤하우스 선정 20세기 100대 비소설 가운데 물리학 책으로 유일하게 선정된 현대과학의 고전. **간행물윤리위원회 선정 '청소년 권장 도서', 서울시 교육청, 경기도 교육청 권장 도서 선정, KBS 'TV 책을 말하다' 선정 도서**

파인만의 또 다른 물리 이야기

리처드 파인만 강의 | 박병철 옮김 | 238쪽 | 양장 13,000원, 반양장 9,800원

파인만의 강의록 중 상대성이론에 관한 '쉽지만은 않은' 여섯 개 장을 선별하여 묶은 책. 블랙홀과 웜홀, 원자 에너지, 휘어진 공간 등 현대물리학의 분수령이 된 상대성이론을 군더더기 없는 접근 방식으로 흥미롭게 다룬다.

발견하는 즐거움

리처드 파인만 지음 | 승영조, 김희봉 옮김 | 320쪽 | 9,800원

인간이 만든 이론 가운데 가장 정확한 이론이라는 '양자전기역학(QED)'의 완성자로 평가받는 파인만. 그에게서 듣는 앎에 대한 열정. **문화관광부 선정 '우수학술도서', 간행물윤리위원회 선정 '청소년을 위한 좋은 책'**

천재 : 리처드 파인만의 삶과 과학

제임스 글릭 지음 | 황혁기 옮김 | 792쪽 | 28,000원

『카오스』의 저자 제임스 글릭이 쓴, 천재 과학자 리처드 파인만의 전기. 영재 자녀를 둔 학부형, 과학자, 특히 과학을 공부하는 학생이라면 꼭 읽어야 하는 책. **2006 과학기술부 인증 '우수과학도서', 아태 이론물리센터 선정 '2006년 올해의 과학도서 10권'**

일반인을 위한 파인만의 QED 강의

리처드 파인만 강의 | 박병철 옮김 | 224쪽 | 9,800원

가장 복잡한 물리학 이론인 양자전기역학을 가장 평범한 일상의 언어로 풀어낸 나흘간의 여행. 최고의 물리학자 리처드 파인만이 복잡한 수식 하나 없이 설명해 간다.

근간

Gamma : Exploring Euler's Constant

줄리언 해빌 지음 | 프리먼 다이슨 서문 | 고중숙 옮김

수학의 중요한 상수 중 하나인 감마는 여전히 깊은 신비에 싸여 있다. 줄리언 해빌은 여러 나라와 세기를 넘나들며 수학에서 감마가 차지하는 위치를 설명하고, 독자들을 로그와 조화급수, 리만 가설과 소수정리의 세계로 끌어들인다.

Not Even Wrong : The Failure of String Theory and the Continuing Challenge to Unify the Laws of Physics

페터 보이트 지음 | 박병철 옮김

초끈이론은 탄생한 지 20년이 지난 지금까지도 아무런 실험적 증거를 내놓지 못하고 있다. 그 이유는 무엇일까? 입자물리학을 지배하고 있는 초끈이론을 논박하면서, 그 반대진영에 있는 루프양자이론, 트위스트이론 등을 소개한다.

The Road to Reality : A Complete Guide to the Laws of the Universe

로저 팬로즈 지음 | 박병철 옮김

지금껏 출간된 책들 중 우주를 수학적으로 가장 완전하게 서술한 책. 수학과 물리적 세계 사이에 존재하는 우아한 연관관계를 복잡한 수학을 피해 가지 않으면서 정공법으로 설명한다. 우주의 실체를 이해하려는 독자들에게 놀라운 지적 보상을 제공한다.

Isaac Newton

제임스 글릭 지음 | 김동광 옮김

『천재』와 『카오스』의 저자 제임스 글릭이 쓴 아이작 뉴턴의 삶과 업적! 과학에서 가장 난해한 뉴턴의 인생을 진지한 시선으로 풀어낸다.

The Man Who Knew Too Much : Alan Turing and the Invention of the Computer

데이비드 리비트 지음 | 고중숙 옮김

튜링은 제2차 세계대전 중에 독일군의 암호를 해독하기 위해 '튜링기계'를 성공적으로 설계하고 제작하여 연합군에서 승리를 보장해 주었고 컴퓨터 시대의 문을 열었다. 또한 반동성애법을 위반했다는 혐의로 체포되기도 했다. 저자는 소설가의 감성을 발휘하여 튜링의 세계와 특출한 이야기 속으로 들어가 인간적인 면에 대한 시각을 잃지 않으면서 그의 업적과 귀결을 우아하게 파헤친다.

The Reluctant Mr. Darwin : An Intimate Portrait of Charles Darwin and the Making of His Theory of Evolution
〈GREAT DISCOVERIES〉

데이비드 쾀멘 지음 | 이한음 옮김

찰스 다윈과 그의 경이롭고 두려운 생각에 관한 이야기. 다윈이 떠올린 진화 메커니즘인 '자연선택'은 과학사에서 가장 흥미를 자극하는 것이다! 이 책은 다윈의 과학적 업적은 물론 그의 위대함이라는 장막 뒤쪽의 인간적인 초상을 세밀하게 그려 낸다.

도서출판 승산의 다른 책과 어린이 책은 홈페이지(www.seungsan.com)을 방문하면 볼 수 있습니다.

파인만의 과학이란 무엇인가?

1판 1쇄 펴냄   2008년 7월 1일
1판 5쇄 펴냄   2023년 7월 25일

지은이 | 리처드 파인만
옮긴이 | 정무광, 정재승
펴낸이 | 황승기
마케팅 | 송선경
디자인 | 소울커뮤니케이션
펴낸곳 | 도서출판 승산
등록날짜 | 1998년 4월 2일
주소 | 서울시 강남구 역삼동 723번지 혜성빌딩 402호
전화번호 | 02-568-6111
팩시밀리 | 02-568-6118
이메일 | books@seungsan.com

ISBN 978-89-6139-013-2 03400

● 이 도서의 국립중앙도서관 출판도서목록(CIP)은 e-CIP 홈페이지(http://www.nl.go.kr/ecip)에서
이용하실 수 있습니다.(CIP제어번호: CIP2008001887)